BIBLIOTHÈQUE DE L'AGRICULTEUR PRATICIEN

L'EUCALYPTUS

SON INTRODUCTION

SA CULTURE, SES PROPRIÉTÉS, USAGES, ETC.

PAR

M. C. RAVERET-WATTEL

SECRÉTAIRE DES SÉANCES DE LA SOCIÉTÉ D'ACCLIMATATION

2e édition, entièrement refondue

PARIS

LIBRAIRIE CENTRALE D'AGRICULTURE ET DE JARDINAGE

RUE DES ÉCOLES, 62, PRÈS LE MUSÉE DE CLUNY

— Auguste GOIN, éditeur —

1er AOUT 1875.

LIBRAIRIE CENTRALE

D'AGRICULTURE ET DE JARDINAGE

FONDÉE EN 1853

CATALOGUE GÉNÉRAL

AVIS IMPORTANT qu'on est prié de lire.

Les demandes de livres ne seront exécutées qu'autant qu'elles seront accompagnées d'un mandat-poste égal au montant de leur valeur.

Les envois étant faits *franco*, il faudra ajouter 10 p. 100 au prix de chaque ouvrage pour part des frais d'affranchissement.

Les commandes de 51 fr. et au delà seront expédiées *franco* et jouiront d'une remise de 10 p. 100.

Les ouvrages de **Droit**, de **Littérature ancienne et moderne**, de **Médecine**, de **Sciences diverses**, seront fournis aux mêmes conditions.

Il n'est fait aucune remise sur les abonnements aux journaux.

PARIS

Auguste GOIN, Éditeur et Commissionnaire

RUE DES ÉCOLES, 62, PRÈS DU MUSÉE DE CLUNY, A PARIS

La Librairie est fermée le dimanche et les jours fériés.

Bibliothèque de l'Agriculteur praticien.

Encouragée par MM. les Ministres de l'Agriculture et du Commerce et de l'Instruction publique.

Abeilles. Leur élevage par les procédés modernes. Pratique et théorie, par Georges DE LAYENS. 1 vol. in-18, orné de 60 gravures dans le texte, dessinées par l'auteur. 2 50

Abeilles. Leur éducation, par A. ESPANET. In-18. 40 c.

Agriculture moderne (*Lettres sur l'*), par J. LIEBIG. 1 vol. in-18. 3 50

Agriculteur praticien (*L'*). Revue de l'agriculture française et étrangère, publiée depuis le 1er octobre 1853 jusqu'au 31 décembre 1872, 18 vol. in-8° ornés de figures dans le texte. Au lieu de 108 fr. 72 fr.

Agronomie. — Études théoriques et pratiques d'agronomie et de physiologie végétale, par Isidore PIERRE, doyen de la Faculté des sciences de Caen. 4 vol. in-18. — 1er vol. *Sol, engrais, amendements.* — 2e vol. *Plantes fourragères, graines et produits dérivés.* — 3e vol. *Céréales.* — 4e vol. *Plantes industrielles, recherches diverses.* 14 fr.

Approuvé par la Commission des bibliothèques scolaires.

Almanach de l'Agriculteur praticien, années 1857 à 1878. 16 vol. in-18 avec de nombreuses fig.

Cette collection forme une véritable *Encyclopédie agricole*; elle est terminée par une table générale des matières. Prix de chaque année, 50 c.

Prix des 16 années prises ensemble. 6 50

Analyse chimique appliquée à l'agriculture (*Notions élémentaires d'*), par Isidore PIERRE. 2e édit. 1 vol. in-18 avec fig. 2 50

Approuvé par la Commission des bibliothèques scolaires.

Animaux domestiques, reproduction, amélioration et élevage, par DE WECKHERLIN. In-18. 2 fr.

Apiculture productive et pratique, selon la méthode de M. Amédée MAUGET, par Adolphe DE BOUCLON. 1 vol. in-18. 3 50

Basse-Cour. — Poules, Oies, Canards, Pintades, Dindons, Pigeons, par le baron PEERS. 2e édit. 1 vol. in-18 et planches. 1 75

Basse-Cour et Lapin. Traité complet de l'élève et de l'engraissement des animaux de basse-cour et du lapin, par YSABEAU. (*Sous presse.*)

Bétail (*De l'alimentation du*), aux points de vue de la production du travail, de la viande, de la graisse, de la laine, du lait et des engrais, par Isidore PIERRE. 4e édition. 1 vol. in-18. 2 50

Approuvé par la Commission des bibliothèques scolaires.

Bétail en ferme (*Du*). Extrait des ŒUVRES de JACQUES BUJAULT. 1 vol. in-18. 75 c.

Bêtes ovines (*Traité des*), par WECKHERLIN. 1 vol. in-12. 3 50

Bêtes ovines (*Des*) **et des Chèvres,** par YSABEAU. 1 vol. in-18, fig. 75 c.

Chaux, Marne et Calcaires coquilliers. Leur emploi pour l'amendement du sol, par Isidore PIERRE. 2e édition. In-18. 50 c.

Cheval de service, voir page 15.

Chimie agricole, par LECHARTIER, professeur de chimie à la Faculté des sciences de Rennes. 1 vol. in-18. (*Sous presse.*)

Constructions rurales (*Manuel des*), par BONA. 4e édit. 1 vol. in-18 orné de 200 fig. 3 50

Cultivateur anglais (*Le*). Théorie et pratique de l'agriculture, par MURPHY, trad. de l'angl. sur la 5e édit. par SANREY. In-18. Fig. 1 50

Approuvé par la Commission des bibliothèques scolaires.

Dindons et Pintades, par MARIOT-DIDIEUX. 1 vol. in-18. 75 c.

— **10 p. 100** en plus des prix marqués pour envoi *franco.* —

Drainage. Résumé d'un cours pour les cultivateurs, par HERNOUX, ingénieur. In-18. Fig. 1 fr.

Drainage. — Traité de Drainage, ou assainissement des terrains humides, par J. LECLERC, 3e édit. 1 vol. in-18 orné de 130 fig. 3 50

Engrais en général (*Des*), suivi de la manière de traiter les matières fécales, par GREFF, 2e édit. in-18. Fig. 50 c.

Engrais perdus dans les campagnes (*deux milliards par an*), par DELAGARDE, 2e édit. 1 vol. in-18 de 180 pages. 1 50

Approuvé par la Commission des bibliothèques scolaires.

Études agronomiques divisées en quatre livres : 1o des travaux généraux de la culture; 2o des grands végétaux comprenant les arbres forestiers et les arbres fruitiers; 3o du bétail; 4o des abeilles et de leurs produits, par A. BOSSON. 1 vol. in-18. 3 50

Ces *Études* sont offertes aux élèves des Écoles et des Lycées et aux volontaires d'un an.

Eucalyptus. — Introduction, culture, propriétés, usages, etc., par RAVERET-WATTEL. 2e édit. 1 vol. in-18. 1 50

Ferme (*La*). Guide du jeune fermier, par STOCKHARDT. 1 vol. in-18. 3 50

Fourrages. — Recherches sur la valeur nutritive des fourrages, par Isidore PIERRE. 4e édit. 1 vol. in-18. 2 50

Approuvé par la Commission des bibliothèques scolaires.

Fumier. — Plâtrage et sulfatage du fumier et désinfection des vidanges, par Isidore PIERRE, 3e édit. In-18. 50 c.

Approuvé par la Commission des Bibliothèques scolaires.

Fumiers de ferme et engrais en général (*Guide pratique sur les*), précédé d'une introduction sur les éléments nutritifs généraux des plantes, par E. WOLFF, 1 vol. in-18. 1 50

Graminées, céréales et fourragères. — Description des genres et espèces, rendement des diverses espèces, propriétés nutritives, sols qui conviennent, par DE MOOR. 1 vol. in-18, orné de 150 fig. 2 50

Guano du Pérou. Comp., falsification, emploi et effets. In-18. 30 c.

Lapin domestique (*Traité pratique de l'éducation du*), par F. Alexis ESPANET, 5e édit. 1 vol. in-18 avec figures. 1 fr.

Législation forestière (*Manuel de*), par A. PUTON, professeur de droit à l'École forestière de Nancy. 1 vol. in-18. 3 50

Maïs (*Alcoolisation des tiges du*) et du **Sorgho sucré.** ALCOOL. — CIDRE. — BIÈRE. — VINS ARTIFICIELS, par DUBET. In-18. 75 c.

Matériel agricole (*Le*). Description et examen des instruments, machines, appareils et outils employés pour les travaux agricoles, par JOURDIER. 3e éd. ornée de 200 fig. dans le texte. 1 vol. in-18. 3 50

Matières fertilisantes. — Guide pour le choix, l'achat et l'emploi des matières fertilisantes, par A. DUBOUY. 1 vol. in-18 avec fig. 2 50

Approuvé par la Commission des bibliothèques scolaires.

Médecine vétérinaire des bêtes à cornes ou instruction aux laboureurs sur la manière de connaître et de guérir les maladies du bétail, avec un abrégé de la matière médicale et les noms des remèdes tant simples que composés, par A. COTTIER, 4e édit. 1 vol. in-18. 1 fr.

Médecine vétérinaire. — Manuel de médecine vétérinaire, par DEFAYS et HUSSON. 2e édit. 1 vol. in-18. 3 50

Ortie de la Chine (*L'*) *et sa culture.* — Notice sur les diverses plantes qui portent ce nom, leurs usages et leur introduction en Europe, par RAMON DE LA SAGRA. In-18. 1 fr.

— **10 p. 100** en plus des prix marqués pour envoi *franco.* —

Pigeons (*De l'éducation des*), par A. ESPANET. 3e édit. 1 vol. in-18 orné de 23 figures. 1 fr.

Plantes fourragères (*Traité pratique de la culture des*), par DE THIER, 2e édit. revue et augmentée par A. LEROY. 1 vol. in-18. (*Nouvelle édition sous presse*.)

Approuvé par la Commission des bibliothèques scolaires.

Plantes racines. — De la culture des plantes-racines : pommes de terre, topinambour, betterave, carotte, navet, rutabaga, chicorée, par MAX. LE DOCTE, 2e édit. 1 vol. in-18, orné de 23 fig. 1 25

Pomone agricole. — Plantation et culture du poirier et du pommier dans les champs et les vergers, suivie d'une notice sur la fabrication du cidre et sur la préparation alimentaire des poires et des pommes, par Ferdinand MAUDUIT. 1 vol. in-18 orné de 25 fig. dans le texte. 1 25

Ouvrage couronné par la Société impériale et centrale d'horticulture de la Seine-Inférieure. — Approuvé par la Commission des bibliothèques scolaires.

Porcs (*Du traitement des*) aux différentes époques de l'année. Extrait des meilleurs ouvrages anglais, par J. A. G. *Nouvelle édition* corrigée et augmentée. 1 vol. in-18 orné de 65 figures. 2 fr.

Porcheries (*De l'établissement des*), dispositions diverses, construction, par J. GRANDVOINNET. 1 vol. in-18 orné de 95 fig. 2 50

Poules et poulets (*Éducation des*), **Dindons, Oies et Canards**, par Alexis ESPANET. 2e édit. 1 vol. in-18 avec fig. 1 fr.

Prairies. — Culture, formation, entretien, amélioration, renouvellement, etc., par P. DE MOOR. 3e édit. 1 vol. in-18, orné de 67 fig. 1 25

Prairies et Fourrages dans les terres fortes et argileuses du Midi (*Traité pratique*), par A.-J.-M. DE SAINT-FÉLIX (1841). 1 vol. in-12. 1 fr.

Récoltes dérobées (*Des*), comme fourrages et engrais verts, et culture de la *Moutarde blanche*, trad. de l'angl. par J. A. G. In-18. Fig. 75 c.

Sang de rate des animaux d'espèces ovine et bovine, par Isidore PIERRE. In-18. 1 fr.

Couronné par la Société protectrice des animaux.

Semailles en ligne (*Des*) **et des Semoirs mécaniques**, par F. GEORGES. In-8o. (Extrait de l'*Agriculteur praticien*.) 50 c.

Sorgho à sucre (*Guide du distillateur du*), par BOURDAIS. In-18. 1 fr.

Stabulation (*De la*) **de l'espèce bovine**, par le baron PEERS. In-18. 1 25

Tabac. — Culture, récolte ; modes de dessiccation ; séchoirs, conservation, etc., par DE MOOR. 2e édit. 1 vol. in-18, orné de 20 fig. 1 50

Topinambour. — Culture, alcoolisation et panification de ce tubercule, par DELBETZ. 1 vol. in-18. 1 25

Approuvé par la Commission des bibliothèques scolaires.

Végétaux (*De la nutrition des*), considérée dans ses rapports avec les assolements, par le baron DE BABO. 1 vol. in-18. 1 fr.

Vigne (*Nouvelle Culture de la*) en plein champ, sans échalas ni attaches, par TROUILLET, 4e édit. In-18 avec 15 gravures. 2 50

Vigne (*Régénération de la*) par une nouvelle plantation, par E. TROUILLET, 2e édition. In-18. 75 c.

Visite à un véritable agriculteur praticien, par DURAND-SAVOYAT, propriétaire-cultivateur. 1 vol. in-18. 1 25

— **10 p. 100** en plus des prix marqués pour envoi *franco*. —

Abeilles, Agriculture, Amendements, Bois, Cubage, Fumiers, Oiseaux de basse-cour, Vers à soie, etc.

Abeille (*L'*) italienne des Alpes. — Exposé sur l'art d'élever les reines italiennes de pure race, de les centupler en peu de mois, et de transformer en ruches italiennes les ruches communes, par Hermann. In-18. 1 fr.

Abeilles. — Le conservateur des abeilles ou moyens éprouvés pour conserver les ruches et pour les renouveler, par Jonas de Gélieu. 1837. 1 vol. in-8° et 3 pl. 1 75

Abeilles. — Le livre des Abeilles ou manuel d'Apiculture, par l'abbé Boissy. 3e édit. 1 vol. in-18 accompagné de 5 pl. 2 50

Abeilles. — La perfection dans l'art de soigner et de cultiver les abeilles, par l'abbé Donot. 1 vol. in-18. 1 50

Abeilles. — Nouveau traité théorique et pratique sur les abeilles, par Tarin. 1 vol. in-18. 1 25

Agriculture (*Huit leçons d'*), **de Chimie agricole**, de la formation des terres arables, etc., par Dauverne. 1 vol. in-18. 1 25

Agriculture (*Traité d'*), publié sur le manuscrit de l'auteur, par de Meixmoron de Dombasle. 5 vol. in-8°. 30 fr.

Agriculture pratique et raisonnée, par John Sinclair, traduit de l'anglais par Mathieu de Dombasle, 1825. 2 vol. in-8° accompagnés de 9 planches. (Exemplaires reliés et brochés.) 15 fr.

Agriculture pratique (*Nouveau cours*), par Gaucheron, 2 vol. in-18. 2 50

Agronomie, Chimie agricole et Physiologie, par Boussingault, 2e édit. 4 vol. in-8° accompagnés de 6 planches. 20 fr.

Ampélographie rhénane, ou description des cépages les plus estimés et les plus cultivés dans la vallée du Rhin, etc., par J. Stoltz. 1 vol. in-4° orné de 32 planches col., 15 fr. — Le même, planches noires. 10 fr.

Analyses chimiques, comprenant toutes les analyses des substances végétales, des fumiers naturels ou artificiels, des amendements de toute espèce, etc., par Emile Gueymard, 1 vol. in-8°. 5 fr.

Animaux (*Recherches expérimentales sur l'alimentation et la respiration des*), par J. Allibert. In-8°. 1 50

Apiculteur. — Les trois secrets de l'Apiculteur. Culture intensive de l'abeille, par Monin. In-18, fig. 1 75

Apiculture (*Cours pratique d'*), professé au jardin du Luxembourg par Hamet, 4e édit. 1 vol. in-18 orné de 140 fig. dans le texte. 3 50

Apiculture. — Mémoire à l'aide duquel on peut cultiver en toute saison 300 ruchées, les multiplier sans perte d'essaims et sans nuire au convain des souches, etc., par Grandgeorge. In-18 de 88 pages. 2 fr.

Apiculture perfectionnée, ou Théorie et application pratique de la direction des rayons, par J. Gruslot. 1 vol. in-12 avec planches. 1 50

Arbres (*Physique des*), ou Traité de leur anatomie et de l'économie végétale, par Duhamel du Monceau. 2 vol. in-4°, fig. (*D'occasion.*) 20 fr.

Arbres et Arbustes (*Traité des*) qui se cultivent en France en pleine terre, par Duhamel du Monceau. 2 vol. in-4°, fig. (*D'occasion.*) 25 fr.

Arbres et leur culture (*Semis et plantation des*), par Duhamel du Monceau. 1 vol. in-4°, fig. (*D'occasion.*) 12 fr.

Arpentage et nivellement. — Traité pratique, par Leclerc et Toussaint. 3e édit. 1 vol. in-18, orné de 126 fig. et 2 planches. 2 50

— **10 p. 100** en plus des prix marqués pour envoi *franco*. —

Baux à ferme (*Etude sur les*), par VILLARD, cultivateur. In-8°. 1 fr.

Bêtes à laine. — Manuel de l'éleveur, par VILLEROY. 1 vol. in-18, 54 fig. 3 50

Blé, farine et pain. — Tarif régulateur et perpétuel donnant les prix du pain, de la farine et du blé, d'après le prix et le poids de l'hectolitre, quelle que soit la nature ou la nuance du froment, par THIBAULT. In-8°. 1 50

Blé. — Traité sur la vente des grains à la mesure, au poids de l'hectolitre ou au quintal métrique, suivi de tableaux appréciateurs de la valeur des grains suivant la variation de chaque qualité, etc., etc., par HUBAINE. In-4°. 2 50

Bois (*De l'Exploitation des*), par DUHAMEL DU MONCEAU. 2 vol. in-4°, fig. (*D'occasion.*) 25 fr.

Bois (*Du transport, de la conservation et de la force des*), par DUHAMEL DU MONCEAU. 1 vol. in-4°, fig. (*D'occasion.*) 8 fr.

Bois. — Cubage des bois et tarifs métriques pour cuber les bois carrés ou de charpente, les bois en grume au 5e et au 6e réduit, ainsi que les bois au quart sans déduction, précédés d'une Instruction sur la manière de cuber d'après le système métrique, par GOSSOT. In-8°. 50 c.

Cailles, Faisans et Perdrix. (*Voir* page 10.)

Calendrier apicole. — Almanach des Cultivateurs d'abeilles, par MM. HAMET et COLLIN. In-18 orné de 14 fig. 50 c.

Calendrier du bon Cultivateur, par MATHIEU DE DOMBASLE, 10e édit. 1 vol. in-12 avec planches. 4 75

Calendrier du bon cultivateur (*Abrégé du*), par le même auteur. 1 vol. in-18. 1 50

Calendrier du bon cultivateur (*Extrait de l'Abrégé du*), par le même auteur. In-18. 60 c.

Canards. (Voir *l'Education des poules*, de Alexis ESPANET, page 8.)

Chimie agricole, ou l'agriculture considérée dans ses rapports avec la chimie, par Isidore PIERRE, 5e édit. 2 vol. in-18. 7 fr.

Chimie agricole. — Cours professé à Rennes par G. LECHARTIER, pendant les années 1866, 1867, 1869, 1870, 1872, 1873 et 1874. 7 vol. in-12. 7 fr.
Chaque volume se vend séparément 1 fr.

Chimie agricole (*Cours de*), par GAUCHERON. 2 vol. in-8°. 9 50

Chimie appliquée à l'agriculture. — Précis des leçons professées depuis 1852 jusqu'à 1862, par MALAGUTI. 3 vol. in-18. 10 50

Chimie appliquée à l'agriculture (*Leçons de*), par Edouard GUÉRANGER. 1 vol. in-18 de 584 pages. 6 fr.

Cours d'Economie agricole et de Culture usuelle, professé par M. GAUCHERON. 2 vol. in-18. 2 60

Crédit. — Des conditions du crédit appliqué à l'agriculture, par Ch. RIVET, ancien député. In-8°. 1 fr.

Dindons. (Voir *l'Education des Poules*, de Alexis ESPANET, page 8.)

Distilleries agricoles du système Kessler, applicable avec le même matériel au traitement de toutes les matières premières. In-8° de 40 pages et 6 pl. grand in-4°. 2 fr.

Encyclopédie pratique de l'Agriculteur, publiée sous la direction de MM. MOLL et GAYOT. 18 vol. in-8° ornés de nombreuses figures. 90 fr.

Engrais humain. — Utilisation immédiate et rationnelle sans aucune déperdition de ses principes utiles, par GOUX. In-8°. 50 c.

Engraissement des bêtes bovines, ovines et porcines (*Essai sur l'*), par DANZEL D'AUMONT, 2e édit. In-8°. 1 fr.

Essais gleucométriques faits en 1862 sur cent variétés de raisin, par le docteur FLEUROT. In-8°. 1 fr.

Faisans, Cailles et Perdrix. (*Voir* page 16.)

Fours économiques à circulation d'air chaud, par A. CASTERMANN. 1 vol. grand in-8° avec 5 pl., 2e édit. Bruxelles. 2 50

Fromage de Hollande, sa fabrication, par LE SÉNÉCHAL. In-18. 50 c.
Fait partie de l'*Almanach de l'Agriculteur praticien* pour 1863.

Gardes forestiers (*Guide pratique à l'usage des*), traitant des arbres et arbustes forestiers, de l'ensemencement des diverses espèces et de l'agriculture forestière, etc., etc., par VIDAL. 1 vol. in-8° et 4 lithog. 3 fr.

Guanos naturels. — Étude sur les guanos naturels en général et sur le guano du Pérou en particulier, par CRUSSARD. In-8°. 40 c.

Irrigation. — Traité pratique de l'Irrigation des Prairies, par J. KEELHOFF. 1 vol. in-8° et atlas de 11 pl. 9 fr.

Laiterie (*La*). Art de fabriquer le beurre et les principaux fromages français et étrangers, par POURIAU. 2e édit. 1 vol. in-18 orné de 200 fig. 5 fr.

Lapin domestique (*Instruct. élément. pour élever le*). In-18. 50 c.
Fait partie de l'*Almanach de l'Agriculteur praticien*, 1861.

Livre de la Ferme (*Le*) et des Maisons de campagne, publié sous la direction de JOIGNEAUX. 2 vol. grand in-8° ornés de nombr. fig. 32 fr.

Lois naturelles de l'agriculture, par J. LIEBIG. 2 vol. in-8°. 10 fr.

Maison rustique des Dames, par Mme MILLET-ROBINET. 8e édit. 2 vol. in-18, ornés de 269 grav. 7 75

Maison rustique du XIXe siècle, publiée sous la direction de MM. BAILLY, BIXIO et MALEPEYRE. 5 vol. gr. in-8° ornés de 2,500 gr. 39 50

Moudre. — L'Art de moudre, ou Mémoire sur les moyens employés pour empêcher que la chaleur produite par la pression et le frottement des meules soit préjudiciable à la farine, par VAN LERBERGHE. In-8°. 1 50

Muriers et vers à soie. Production, industrie, commerce de la soie, par A. GOBIN. 1 vol. in-18 de 270 pages, orné de 36 fig. 3 50

Oies. (Voir *l'Education des poules* de Alexis ESPANET, page 9.)

Pisciculture. — Études théoriques et pratiques, par le vicomte H. DE BEAUMONT. 1 vol. in-18, avec fig. dans le texte. 3 50

Pisciculture. — Nouveaux éléments de pisciculture, par Isidore LAMY. 2e édit. 1 vol. petit in-8° avec fig. dans le texte. 1 75

Pisciculture. Rapport sur le repeuplement des cours d'eau, suivi des *Études sur les fécondations artificielles des œufs de poisson*, par DE QUATREFAGES et MILLET. In-8°. 1 25

Plâtrage dans l'agriculture. — Théories de la nitrification et du natron, suivies d'une lettre sur les *Labours profonds* faits par les temps de sécheresse, par COUSTÉ. In-8°. 75 c.

Poulailler (*Le*). — Monographie des poules indigènes et exotiques, par Ch. JACQUE. 2e édit. 1 vol. in-18, 117 grav. 3 50

Poules (*Maladies des*). Causes et traitement. Tr. de l'angl. In-18. 50 c.
Fait partie de l'*Almanach de l'Agriculteur praticien*, 1862.

Ruche à espacements (*Notice sur la*) et sa culture, par SAURIA. In-8°, avec 3 planches et tableaux. 1 fr.

Sorgho (*Composition chimique et extraction du sucre de la canne de*), par Paul MADINIER. In-8°. 60 c.

— **10 p. 100** en plus des prix marqués pour envoi *franco*. —

Sorgho à sucre (*Le*). — Culture, récolte, emploi de la graine, extraction du jus sucré, distillation, etc., par Paul MADINIER. In-8°. 60 c.

Sorgho sucré (*Le*), sa culture comme plante fourragère et comme plante alcoolisable et saccharine, par Louis HERVÉ. In-8°. 60 c.

Taupier (*L'Art du*), ou Méthode amusante et infaillible pour prendre les taupes, par DRALET. 10e édit. 1 vol. in-12, fig. 1 fr.

Vaches laitières (*Abrégé du traité des*), par GUENON. In-18, fig. 2 fr.

Vaches laitières (*Traité des*) et de l'espèce bovine en général, par F. GUENON. 4e édit. 1 vol. in-8°, nombreuses fig. 6 fr.

Ouvrages de M. ROBINET sur les **Vers à soie** :

Cocons. — Nouvelles études sur le cocon. 1856. In-8°. 1 fr.

Cocons. — Procédé pour le battage des cocons, ou moyen d'obtenir des cocons le plus de soie possible. 1843. In-8°. 1 50

Magnaneries. — Expériences sur la ventilation des magnaneries. 1841. 1 vol. in-8° avec pl. 3 fr.

Mûriers. — Quatre mémoires sur le mûrier. 1840-48. In-8°. 1 50

Muscardine. — La muscardine; des causes de cette maladie et des moyens d'en préserver les vers à soie. 2e édit. 1845. 1 vol. in-8°. 3 fr.

Soie. — Mémoire sur la filature. 1839. In-8° avec 7 pl. 4 50

Soie. — Mémoire sur la formation de la soie. 1844. In-8°. 1 50

Vers à soie. — De l'influence des phénomènes météorologiques sur les éducations de vers à soie. 1850. In-8°. 1 fr.

Vers à soie. — Education. 1846. 1 vol. in-8° avec pl. 1 50

Vers à soie (*Conseils aux nouveaux éducateurs de*), par F. DE BOULLENOIS. 3e édit. 1 vol. in-8°. 3 50

Vigne. — Résumé des opérations à suivre pendant le cours de la végétation de la vigne et étude de la rupture des bourgeons à l'état herbacé, par E. TROUILLET. 2e édit. Tableau in-folio, fig. et texte. 60 c.

Vigne. — Nouveau mode de culture et d'échalassement, applicable à tous les vignobles où l'on cultive les vignes basses, par T. COLLIGNON. 1 vol. in-8° avec 3 pl. 3 fr.

Vigne. — Nouveau procédé de taille de la vigne, seul moyen facile pour faire périr par la famine le phylloxera et en empêcher les ravages, et pour augmenter les produits et la durée ordinaire des ceps, par J. DICOT. In-18. 1 50

Vigne en France (*La*), et spécialement dans le sud-ouest, par ROMUALD DEJERNON. 1 vol. in-8°. 5 fr.

Vignes. — De la culture des vignes, de la vinification et du vin dans le Médoc, par A. D'ARMAILHACQ. 3e édit. 1 vol. in-8°. 7 fr.

Vignobles et les arbres à fruit à cidre, l'olivier, le noyer, le mûrier et autres espèces économiques, par A. DUBREUIL. 1 vol. in-18 avec 7 cartes et 384 fig. dans le texte. 6 fr.

Vins. — Classification des vins de la Gironde, quantités récoltées par chaque propriétaire et prix de vente, par E. FERET. 1 fort vol. grand in-8°, orné de 242 vues de châteaux. 11 fr.

Vins. — Traité pratique, par MACHARD. 5e édit. 1 vol. in-18. 3 50

Vins du Médoc et autres vins rouges et blancs de la Gironde, par W. FRANCK. 5e édit. 1 vol. in-8°, orné de 33 vues et une carte. 8 fr.

— **10 p. 100** en plus des prix marqués pour envoi *franco*. —

Viticulture de l'Ouest de la France, par le docteur Jules GUYOT. 1 vol. grand in-8° orné de 112 grav. (*Neuf ou d'occasion.*) 7 50

Viticulture du Nord-Ouest de la France, par le même. 1 vol. grand in-8° orné de 69 fig. (*Neuf ou d'occasion.*) 4 fr.

Viticulture du Centre-Sud de la France, par le même. 1 vol. grand in-8° orné de 110 grav. (*Neuf ou d'occasion.*) 7 fr.

Viticulture du Puy-de-Dôme, par le même. Grand in-8° orné de 36 grav. (*Neuf ou d'occasion*). 2 fr.

Bibliothèque de l'Horticulteur praticien.

Encouragée par MM. les Ministres de l'Agriculture et du Commerce et de l'Instruction publique

Almanach du Jardinier fleuriste, suivi de notes sur le jardin potager. 1 vol. in-18 avec fig. dans le texte. Les années 1860, 1861, 1863, 1868, 1869, 1870, 1871-72, 1873 seules sont disponibles, chaque 50 c.

Arboriculture. — Manuel pratique renfermant ce que les meilleurs auteurs et les praticiens ont dit de mieux sur le *défoncement*, la *plantation*, les *formes*, la *taille* et la *mise à fruit* des arbres fruitiers, par l'abbé RAOUL. 3° édit. 1 vol. in-18 avec pl. 2 fr.

Approuvé par la Commission des bibliothèques scolaires.

Arboriculture des Écoles primaires, ou *Notions d'arboriculture fruitière* mises à la portée des enfants, par J. BRÉMOND. 3° éd. 2° *tirage*. 1 vol. in-18 et atlas de 107 fig. 2 fr.

Approuvé par la Commission des bibliothèques scolaires.

Arboriculture (*Notions préliminaires d'*) à la portée de tout le monde. Conseils pratiques, par E. TROUILLET, 2° édit. In-18 orné de 21 fig. 1 fr.

Arbres fruitiers. — Conseils sur le choix, la culture et la taille des arbres fruitiers, pouvant convenir aux provinces du nord, de l'est, de l'ouest et du centre de la France, par le comte DE LAMBERTYE. In-18, orné de 33 figures. 1 fr.

Approuvé par la Commission des bibliothèques scolaires.

Arbres fruitiers (*Des*) **et de la Vigne,** par YSABEAU. 1 vol. in-18. 75 c.

Approuvé par la Commission des bibliothèques scolaires.

Arbres fruitiers et de la Vigne (*Nouvelle Méthode de taille des*), par PICOT-AMETTE, 3° édit. 1 vol. in-18 orné de 37 grav. dans le texte. 1 50

Asperges (*Semis, plantation et culture des*), par BOSSIN, 3° édit. 1 vol. in-18 avec figures. 1 fr.

Botaniste et herboriste (*Petit manuel du*), donnant la description de 220 plantes officinales, suivi de principes de médecine, de pharmacie, d'hygiène et d'économie domestique, etc., par L. T., F. M. et P. M. 2° édit. 1 vol. in-12 orné de 30 fig. réunies en 6 planches. 2 fr.

Bouturer, greffer, marcotter et semer (*Guide pour*) les plantes d'ornement, annuelles ou vivaces, arbres et arbustes, extrait en partie du *Jardin fleuriste*, par LEMAIRE, LEQUIEN, le vicomte DU BUYSSON, etc., 2° édition. In-18 orné de 35 fig. 1 fr.

Cactées. — Leur culture, suivie d'une description des principales espèces et variétés, par PALMER. 1 vol. in-18, orné de 33 fig. 2 fr.

Champignons (*Culture des*), avec l'indication d'une nouvelle méthode pour en obtenir en tous lieux par l'emploi de la mousse, par SALLE, 4° édit. 1 vol. in-18, orné de 20 fig. dans le texte. 1 fr.

Champignon comestible. — Instructions pratiques sur sa culture, par JACQUIN aîné. In-18 de 24 pages. 60 c.

— **10 p. 100** en plus des prix marqués pour envoi *franco*. —

Culture maraîchère. — Traité théorique et pratique de culture maraîchère, par RODIGAS. 8e édit. 1 vol. in-18. 3 50
Approuvé par la Commission des bibliothèques scolaires.

Culture potagère en pleine terre et sous châssis, par un amateur, 1 vol. in-18 orné de nombreuses figures dans le texte. (*Sous presse*).

Cyclamen. — Description et culture par un amateur. 1 vol. in-18, fig. (*Sous presse*).

Fleurs de pleine terre et de fenêtres. — Conseils sur leur culture, pouvant convenir aux provinces du nord, de l'est, de l'ouest et du centre de la France, par le comte DE LAMBERTYE. 2e édit. in-18. 1 fr.
Approuvé par la Commission des bibliothèques scolaires.

Fleurs d'appartements, de fenêtres et de balcons. — Soins à leur donner, conservation, etc., par un amateur. 1 vol. in-18 avec fig. dans le texte. (*Sous presse*).

Fuchsia (*Histoire et Culture du*), suivies de la description de 540 espèces et variétés, par F. PORCHER. 1 vol. in-18. 4e édit. 2 fr.

Fraises. — Les Bonnes Fraises. Manière de les cultiver pour les avoir au maximum de beauté, par F. GLOEDE, 2e édit. 1 vol. in-18, fig. 2 fr.

Fraisier. — Sa culture en pleine terre suivie d'un choix des meilleures variétés à cultiver, par le comte DE LAMBERTYE. 1 vol. in-18. 1 fr.

Horticulteur praticien (*L'*). — Revue de l'horticulture française et étrangère, par MM. FUNCK, GALEOTTI, JOIGNEAUX, cte DE LAMBERTYE, MORREN. 1858 à 1862. 5 vol. grand in-8o ornés de fig. dans le texte et de 104 pl. coloriées. Au lieu de 45 fr. 25 fr.

Jardin Fleuriste (*Le*). — Instructions pour la culture des plantes annuelles, bisannuelles, vivaces; plantes à feuilles ornementales; oignons à fleurs; arbres et arbustes, par LEMAIRE, LEQUIEN, BOSSIN, BERNARDIN, CARRIÈRE, vicomte DU BUYSSON, PALMER, PORCHER, RIVIÈRE fils, etc., revu et complété par Auguste RIVIÈRE, jardinier en chef du Luxembourg, 4e édit. 1 vol. in-18, orné de 200 figures dans le texte. 3 50

Jardinage. — Éléments de jardinage pouvant convenir aux provinces du nord, de l'est, de l'ouest, et du centre de la France, par le comte DE LAMBERTYE. 1 vol. in-18 avec fig. dans le texte. 1 fr.

Légumes. — Conseils sur les semis de graines de légumes, offerts aux habitants de la campagne, par le comte DE LAMBERTYE. 4e éd. In-18. 1 fr.
Approuvé par la Commission des bibliothèques scolaires.

Légumes. — Conseils sur les semis et la culture de légumes en pleine terre, offerts aux habitants du département du Rhône et pouvant convenir à presque tout le territoire des départements de l'Ain, Loire, Saône-et-Loire, par le comte DE LAMBERTYE. 1 vol. in-18. 1 fr.

Légumes et fleurs. — Conseils sur la culture de légumes et de fleurs sous un, deux ou trois châssis, pendant les douze mois de l'année, pouvant convenir aux provinces du nord, de l'est, de l'ouest et du centre de la France, par le comte DE LAMBERTYE. 1 vol. in-18 orné de fig. 50 c.
Approuvé par la Commission des bibliothèques scolaires.

Melon; Concombre vert long; Concombre cornichon; Courge à la moelle et Potiron vert d'Espagne. — Conseils sur leur culture à l'air libre, par le comte DE LAMBERTYE. 1 vol. in-18 orné de fig. indicatives pour les tailles. 1 fr.

Melons (*Culture des*). Méthode simple et précise pour obtenir les melons d'une grosseur extraordinaire, etc., par DUFOUR DE VILLEROSE, 2e édit. 1 vol. in-18 orné de 5 grav. 1 fr.
Approuvé par la Commission des bibliothèques scolaires.

— **10 p. 100** en plus des prix marqués pour envoi *franco*. —

Melon. — Instructions pratiques sur sa culture sous châssis, sous cloche et en pleine terre, par Martin JACQUIN. In-18 de 36 pages. 60 c.

Mouvement horticole de 1867. — Revue des progrès accomplis dans toutes les branches de l'horticulture, avec la relation complète de l'Exposition universelle d'horticulture qui a eu lieu au Champ-de-Mars, par E. ANDRÉ, 1 vol. in-18 de 324 pages. 2 fr.

Oignons à fleurs. — Semis et culture, par un Amateur. 1 vol. in-18 avec fig. (*Sous presse*).

Plantes à feuilles ornementales en pleine terre (*Les*) : *Caladium, Canna, Gyncrium, Musa, Solanum, Wigandia*, etc. Botanique et culture, par le comte DE LAMBERTYE. 2 vol. in-18 ornés de fig. et tableaux. 2 fr.

Plantes de pleine terre, annuelles, bisannuelles et vivaces. (*Culture des*), par MARTIN-JACQUIN. 1 vol. in-18 de 100 pages. 1 50

Plantes molles de pleine terre : *Pétunia, Géranium, Pensée, Verveine, Héliotrope*. Culture pratique par le vicomte F. DU BUYSSON. 1 vol. in-18, fig. 1 fr.

Pomone agricole. — Plantation et culture du poirier et du pommier dans les champs et les vergers, suivie d'une notice sur la fabrication du cidre et sur la préparation alimentaire des poires et des pommes, par Ferdinand MAUDUIT, 1 vol. in-18 orné de 25 fig. dans le texte. 1 25

Ouvrage couronné par la Société impériale et centrale d'horticulture de la Seine-Inférieure. — Approuvé par la Commission des bibliothèques scolaires.

Reine-Marguerite (*Culture de la*), par MALINGRE. In-18. 40 c.

Rosier. — Semis, culture et taille, par FORNEY. 2e édit. 1 vol. in-18 avec figures. 2 fr.

Fruits et légumes de primeur (*Traité général de la culture forcée par le thermosiphon des*), par le comte DE LAMBERTYE.

Cet ouvrage sera publié en livraisons format in-8°.

Melon et Concombre, 1 livr. ; — **Ananas**, 1 livr. ; — **Vigne**, 1 livr. ; — **Fraisier**, 1 livr. ; — **Groseillier, Framboisier, Figuier**, 1 livr. ; — **Pêcher, Prunier, Cerisier, Abricotier**, 1 livr. ; — **Tomate et Haricot**, 1 livr.

Les livraisons **Fraisier**, **Vigne**, **Melon et Concombre**, **Tomate et Haricot** *sont parues*.

Prix de chaque livraison. 1 25

Des rapports très-favorables de cet ouvrage ont déjà été faits par la *Société d'horticulture de Paris* et par un grand nombre de Sociétés les plus importantes des départements.

Arbres fruitiers, Botanique, Culture potagère, Jardinage.

Almanach Gressent pour 1875, contenant les principes élémentaires d'*Arboriculture* et de *Potager*, par GRESSENT. In-18, fig. 50 c.

Arboriculture (*L'*) **fruitière** comprenant la culture *intensive* et *extensive* des fruits de table, etc., par GRESSENT, 5e édit. 1 vol. in-18 avec 430 fig. dans le texte. 7 fr.

Arboriculture fruitière des jardins. — Conférence faite par Jules COURTOIS. In-8°, fig. 2 fr.

Arbres d'agrément. — Traité de la taille des grands arbres d'agré-

lytiques conduisant promptement à la détermination des familles et des genres, etc., par LE MAOUT et DECAISNE. 2 vol. petit in-8°. 9 fr.

Fruits. — Les meilleurs fruits par ordre de maturité; culture et soins qu'ils réclament, par P. DE MORTILLET. Silhouette et dessins des fruits, fleurs et noyaux, dessinés par l'auteur.

Tome I, le **Pêcher.** 1 vol. in-8°. 8 fr.

Tome II, le **Cerisier.** 1 vol. in-8°. 7 fr.

Tome III, le **Poirier.** 1 vol. in-8°. 9 fr.

Fruits à cidre. — Le cidre, traité rédigé d'après les documents recueillis de 1864 à 1872 par le Congrès pour l'étude des fruits à cidre, par L. DE BOUTTEVILLE et A. HAUCHECORNE. Beau volume grand in-8° orné de grav. dans le texte et de 8 chromo-lithographies représentant 39 fruits. 12 fr.

Fruits à cultiver (*Les*), leur description, leur culture, par Ferdinand JAMIN. 1 vol. in-18. 1 50

Greffes diverses. (*Voir le* **Jardin fleuriste,** page 10.)

Jardin fruitier du Muséum, ou iconographie de toutes les espèces et variétés d'arbres fruitiers cultivés dans cet établissement, avec leur description, leur histoire, leur synonymie, etc., par J. DECAISNE. Cet ouvrage paraît par livraisons in-4° de 4 planches supérieurement gravées et coloriées avec texte. La 110e livr. vient de paraître. Prix de la livr. 5 fr.

Jardinage (*La pratique du*), par Roger SCHABOL. 2 vol. in-12 reliés. (*Ouvrage ancien et recherché.*) 6 fr.

Jardinage (*La théorie du*), par l'abbé Roger SCHABOL. 1 vol. in-12 relié. (*Ouvrage ancien et recherché.*) 3 50

Jardinier illustré (*Le Nouveau*) pour 1874, par LAVALLÉE, NEUMANN, VERLOT, COURTOIS-GÉRARD, BUREL, etc. 1 vol. in-18 orné de 500 fig. 7 fr.

Jardinier fruitier (*Le*). — Principes simplifiés de la taille des arbres fruitiers, par E. FORNEY. 2 vol. in-8°, fig. 8 fr.

Jardinier solitaire (*Le*), ou Dialogues entre un curieux et un jardinier solitaire, contenant la méthode de faire et de cultiver un jardin fruitier et potager, etc., 1 vol. in-12 relié. (*Ouvrage ancien et rare.*) 4 fr.

Jardins. — Manuel de l'amateur des jardins. Traité général d'horticulture, par DECAISNE et NAUDIN. 4 vol. in-8°, ornés de 537 fig. 30 fr.

Jardins (*Traité de la composition et de l'ornement des*), avec 161 pl. représentant, en plus de 600 fig., des plans de jardins, des machines pour élever les eaux, etc. 6e édit. 2 vol. in-4° oblong. 25 fr.

Jardin potager (*L'École du*), qui comprend la description des plantes potagères, les qualités de terre et les climats qui leur sont propres, etc.; la manière de dresser et conduire les couches, et d'élever des champignons en toutes saisons, par DE COMBLES. 2 vol. in-12 reliés. (*Rare.*) 6 fr.

Légumes coloriés (*Album de*), par VILMORIN-ANDRIEUX. 26 planches in-f° sont en vente. Chaque planche se vend séparément. 3 fr.

Melon et Concombre. — Leur culture forcée, par le comte DE LAMBERTYE. In-8°. 1 25

Oignons à fleurs coloriées (*Album d'*), par VILMORIN-ANDRIEUX. 17 livraisons sont en vente. Chaque planche se vend séparément. 4 fr.

Parcs et Jardins. — Prix de règlement ou tarif des travaux de jardinage, de plantations, d'exploitat. des forêts, etc., par LECOQ. Gr. in-8°. 3 fr.

Pêcher en espalier carré (*Pratique raisonnée de la taille du*), par Al. LEPÈRE. 7e édit. 1 vol. in-8° avec 8 planches. 4 fr.

— **10 p. 100** en plus des prix marqués pour envoi *franco*. —

Pensée (*La*), la **Violette**, l'**Auricule** ou Oreille-d'Ours, la **Primevère**. — Histoire et culture, par Ragonot-Godefroy. In-18, fig. col. 2 fr.

Pincement des feuilles. — Direction des arbres, et notamment du pêcher, par Grin aîné, 3e édit. In-18. 1 fr.

Plantes, Arbres et Arbustes (*Manuel général des*). Description et culture de 25,000 plantes indigènes d'Europe ou cultivées dans les serres; par Héringq, Jacques et Duchartre. 1 vol. petit in-8°. 36 fr.

Plantes d'appartement. Histoire et culture, par le comte Dhuilhet. 1re partie. 1 vol. petit in-18 de 64 pages. 1 25

Plantes de serre. — Traité théorique et pratique de la culture de toutes les plantes qui demandent un abri, par de Puydt. 2 vol. in-18. 6 fr.

Plantes de serre froide, d'appartements, de jardins d'été, par de Puydt. 2e édit. 1 vol. in-18. 1 50

Poires. — *Quarante Poires*, monographie divisée en quatre séries de dix poires, dont la maturation s'effectue pendant chacun des mois de juillet à mai, contenant le nom et la synonymie des poires, leur description et celle de l'arbre, le mode de culture, l'époque de la cueillette du fruit avec la silhouette de chacun et de grandeur naturelle, suivie de considérations sur la culture et la taille du poirier, par Paul de Mortillet. 1 vol. in-8°. 3 50

Pomologie. — Dictionnaire de Pomologie, contenant l'histoire, la description, la figure au trait des fruits anciens et modernes les plus généralement connus et cultivés, par André Leroy, pépiniériste.

Les Poires, 2 vol. grand in-8°. 20 fr.

Les Pommes, 2 vol. grand in-8°. 20 fr.

Poirier (*Taille du*) **et du Pommier** en fuseau, par Choppin. 1 vol. in-8°, fig., 3e édition. 3 fr.

Potager moderne (*Le*). Traité complet de la culture des légumes, par Gressent, 4e édit. 1 vol. in-18 avec 131 fig. dans le texte. 7 fr.

Ouvrage couronné par la Société centrale d'horticulture de Paris.

Rosier, culture, multiplication. (*Voir le* **Jardin fleuriste.**)

Vigne. — Multiplication de la vigne par bouturage souterrain, par A. Rivière, jardinier en chef du Luxembourg. In-8° de 32 pages, orné de 18 gravures. 2 fr.

Bibliothèque du Sportsman.

Alouette. — De la chasse de l'alouette au miroir avec le fusil, par Nérée Quépat, 1 vol. in-18 orné de grav. 1 50

Bécasse. — Le Chasseur à la bécasse, par Polet de Faveaux (Sylvain). 1 vol. in-18 orné de 35 figures dans le texte. 3 50

Bécasse. Pour la chasser, par G. Dowaert, 1 vol. in-18. 3 50

Chasse. *Los paramientos de la Caza*, ou Règlements sur la chasse en général, par Don Sancho le Sage, roi de Navarre, publié en l'année 1180, avec introduction et notes du traducteur. 1 vol. in-18. 3 fr.

Chasse. — Pratique de la chasse, par J.-A. Clamart, 2e édit. 1 vol. in-18, figures de Ch. Jacque, Pizetta, Yan d'Argent, etc. 3 50

Chasse à courre et à tir. — Nouveau traité, par A. de la Rue, inspecteur des forêts de l'État, et le marquis de Cherville. 2 vol. in-8° avec fig. dans le texte par Ch. Jacque, Pizetta, Yan d'Argent, etc. 20 fr.

Le même, imprimé sur papier vergé. 40 fr.

— **10 p. 100** en plus des prix marqués pour envoi *franco*. —

Chasse au chien d'arrêt. — Gibier à plumes, par Cheno, 1 vol. in-18 orné de 89 planches et 10 vignettes, représentant 300 sujets divers. 3 50

Chasse aux petits oiseaux. — Manuel du tendeur, par Granay, 2e édit. 1 vol. in-18. 1 50

Chasseur infaillible. — Le chasseur infaillible : Guide complet du sportsman, contenant l'usage du fusil, le tir, le vol des oiseaux, le dressage des chiens, par Marksman, traduit de l'anglais sur la 3e édition par Ch. Kerdoel, augmenté d'un appendice sur le tir des oiseaux de marais et du gibier de mer. 1 vol. in-18, fig. 3 50

Cheval. — Manuel hippique sommaire de l'éleveur cultivateur, enseignement professionnel dédié aux élèves adultes des Écoles rurales, par Basserie, lieutenant-colonel de cavalerie, 3e édit. 1 vol. in-18. 1 fr.

Approuvé par la Commission des bibliothèques scolaires.

Cheval en France (*Le*), depuis l'époque gauloise jusqu'à nos jours. Géographie et institutions hippiques, par E. Houel, 1 vol. in-8o. 3 fr.

Cheval de Service. — Production, élevage et dressage, par Ephrem Houel, 1 vol. in-18. 1 fr.

Chevaux. — Conseils aux acheteurs de chevaux, ou Traité de la conformation extérieure du cheval, avec des instructions pour l'appréciation, avant la vente, des vices, défauts, affections, etc., suivi de la loi sur les vices rédhibitoires et la garantie du vendeur, par John Stewart, traduit de l'anglais par le baron d'Hanens, 1 vol. in-18, fig. 3 50

Chevaux. — Conseils aux éleveurs de chevaux, par Charles du Hays. 1 vol. in-18, fig. 3 50

Chevaux de chasse. — Leur condition en France, par le comte Le Couteulx de Canteleu, 2e édit. 1 vol. in-18. 1 fr.

Chiens. — Les maladies des chiens et leur traitement, par Hertwig. 2e édit. 1 vol. in-18. 3 50

Chien de chasse (*Du*). — Chiens d'arrêt, espèces et variétés, élevage, nourriture, maladie, éducation, dressage, extrait du *Nouveau Traité des chasses à courre et à tir*. 1 vol. in-18 orné de 15 fig. 2 50

Le même, imprimé sur papier vergé. 5 fr.

Chien de chasse (*Du*). — Chiens courants, espèces et variétés, élevage, hygiène, nourriture, maladies, éducation, dressage, extrait du *Nouveau Traité des chasses à courre et à tir*. 1 vol. in-18 orné de 17 figures et d'un plan de chenil chromo-lithographié. 3 50

Le même, imprimé sur papier vergé. 7 fr.

Coq de bruyère (*La chasse au*). — Histoire naturelle, mœurs, lieux habités par ces oiseaux. L'art de les chercher, de les tirer, de les élever en volière, par Léon de Thier. 1 vol. in-18 avec fig. 2 50

Dommages aux champs causés par le gibier, *lapins, lièvres, sangliers, etc.* — De la responsabilité des propriétaires de bois et forêts, et des locataires de chasses, par Alexandre Sorel, juge au tribunal civil de Compiègne, etc. 2e édit. revue et augmentée. 1 vol. in-18. 3 50

Écurie. — Économie de l'Écurie. Traité de l'entretien et du traitement des chevaux (écurie, pansage, nourriture, boisson, travail), par John Stewart, traduit de l'anglais sur la 7e édition par le baron d'Hanens. 1 vol. in-18 orné de 20 figures. 3 50

Louveterie (*La*), et la destruction des animaux nuisibles, par A. Puton, professeur à l'École forestière de Nancy. 1 vol. in-18. 3 50

Pêche à la ligne. Conseils, par Ch. Jobey. 1 vol. in-18, orné de 35 fig. 2 fr.

— **10 p. 100** en plus des prix marqués pour envoi *franco*. —

Chasse, Chiens, Oiseaux de Chasse et de Volière, etc.

Cailles, Perdrix, Colins ou Cailles d'Amérique. — Guide pratique pour les élever, etc., par ALLARY. Nouvelle édit. 1 vol. in-18. Fig. 2 »

Chardonneret. — Monographie, par Nérée QUÉPAT. Broch. in-8°. 1 50

Chasse. — Carnet de chasse, in-18 oblong, cartonné, toile angl. 2 50

Chasse aux chiens courants ou Vénerie normande (*L'École de la*), par LE VERRIER DE LA CONTERIE. 1 vol. in-8°. 6 fr.

Chasse de Gaston Phœbus (*La*), comte de Foix, envoyée par lui à messire Philippe de France, duc de Bourgogne, collationnée sur un manuscrit ayant appartenu à Jean Ier de Foix, avec des notes et la vie de Gaston Phœbus, par Joseph LAVALLÉE. 1854. 1 vol. in-8° orné de 13 fig. 20 fr.

Chasse royale (*La*), divisée en quatre parties qui contiennent les Chasses du Cerf, du Lièvre, du Chevreuil, du Sanglier, du Loup et du Renard, etc. par messire Robert DE SALNOVE. 1 vol. gr. in-8° papier vélin. 25 fr.

Chevreuil. — Les déduits de la chasse du chevreuil, par BELLIER DE VILLIERS. 1 vol. in-4° orné de 17 planches. 20 fr.

Papier fort, planches sur chine. 25 fr.

Papier extra-fort, planches sur chine. 30 fr.

Chiens. — Exposition canine du bois de Boulogne. Mai 1863. In-folio oblong, composé de 11 lithographies coloriées, de 8 photographies et d'un texte descriptif orné de 9 fig. 20 fr.

Chiens courants français au XIXe siècle (*Les*), par le comte LE COUTEULX DE CANTELEU et BELLIER DE VILLIERS. 1 vol. in-4°, papier de Hollande, orné de 18 planches. 25 fr.

Faisan. — Du faisan considéré dans l'état de nature et dans l'état de domesticité, par Léon BERTRAND. Traité suivi d'instructions pratiques pour l'établissement d'une faisanderie et l'éducation des faisans, par A. ROUZÉ, ex-garde faisandier. 1851. Brochure in-8° de 32 pages, fig. 3 50

Faisans, Canards mandarins, Cygnes, etc. — Guide pratique pour les élever, par ALFRED TOUCHARD (Arthur Legrand). 2e édit. 1 vol. in-18 avec fig. 2 fr.

Faisans et Perdreaux. — Précis sur la manière de les élever. 1 vol. in-18, orné de fig. 2 fr.

Réimpression de l'ouvrage original, publié en MDCCLXXII.

Oiseaux de volière (*Manuel de l'amateur des*), ou Instruction pour connaître, élever, conserver et guérir toutes les espèces d'oiseaux que l'on aime à garder en volière ou dans la chambre, par BECHSTEIN. *Nouvelle édition.* 1 vol. in-18, orné de fig. dans le texte. 3 50

Oiseaux de volière (*Petits*) *Cacatois, Aras, Perroquets, Perruches* et autres passereaux exotiques. Conservation, reproduction, par MERCIER, ex-inspecteur du Jardin d'acclimatation. 1 vol. petit in-18. 1 50

Vénerie (*La*) **de Iacqves dv Fovillovx.** De nouueau reueuë, augmentée de la méthode pour dresser et faire voler les oyseaux, par M. DE BOISOUDAN, précédée de la biographie de Jacques du Fouilloux, par M. PRESSAC. 1 vol. in-4° orné de nombr. grav. et de lettres ornées. 35 fr.

Vénerie. — Traité de Vénerie par D'YAUVILLE. 1859. 1 vol. grand in-8° papier vélin, orné de 4 grandes gravures hors texte, de 5 fig. médaillons, et accompagné de 42 fanfares. 25 fr.

— **10 p. 100** en plus des prix marqués pour envoi *franco.* —

Evreux, Ch. HÉRISSEY, imp. — 875

L'EUCALYPTUS

Paris. — Imp. Viéville et Capiomont, 6, rue des Poitevins. — 1875.

L'EUCALYPTUS

SON INTRODUCTION

SA CULTURE, SES PROPRIÉTÉS, USAGES, ETC.

PAR

M. C. RAVERET-WATTEL

SECRÉTAIRE DES SÉANCES DE LA SOCIÉTÉ D'ACCLIMATATION

DEUXIÈME ÉDITION

ENTIÈREMENT REFONDUE

PARIS

LIBRAIRIE CENTRALE D'AGRICULTURE ET DE JARDINAGE

RUE DES ÉCOLES, 62, PRÈS LE MUSÉE DE CLUNY

— Auguste GOIN, éditeur —

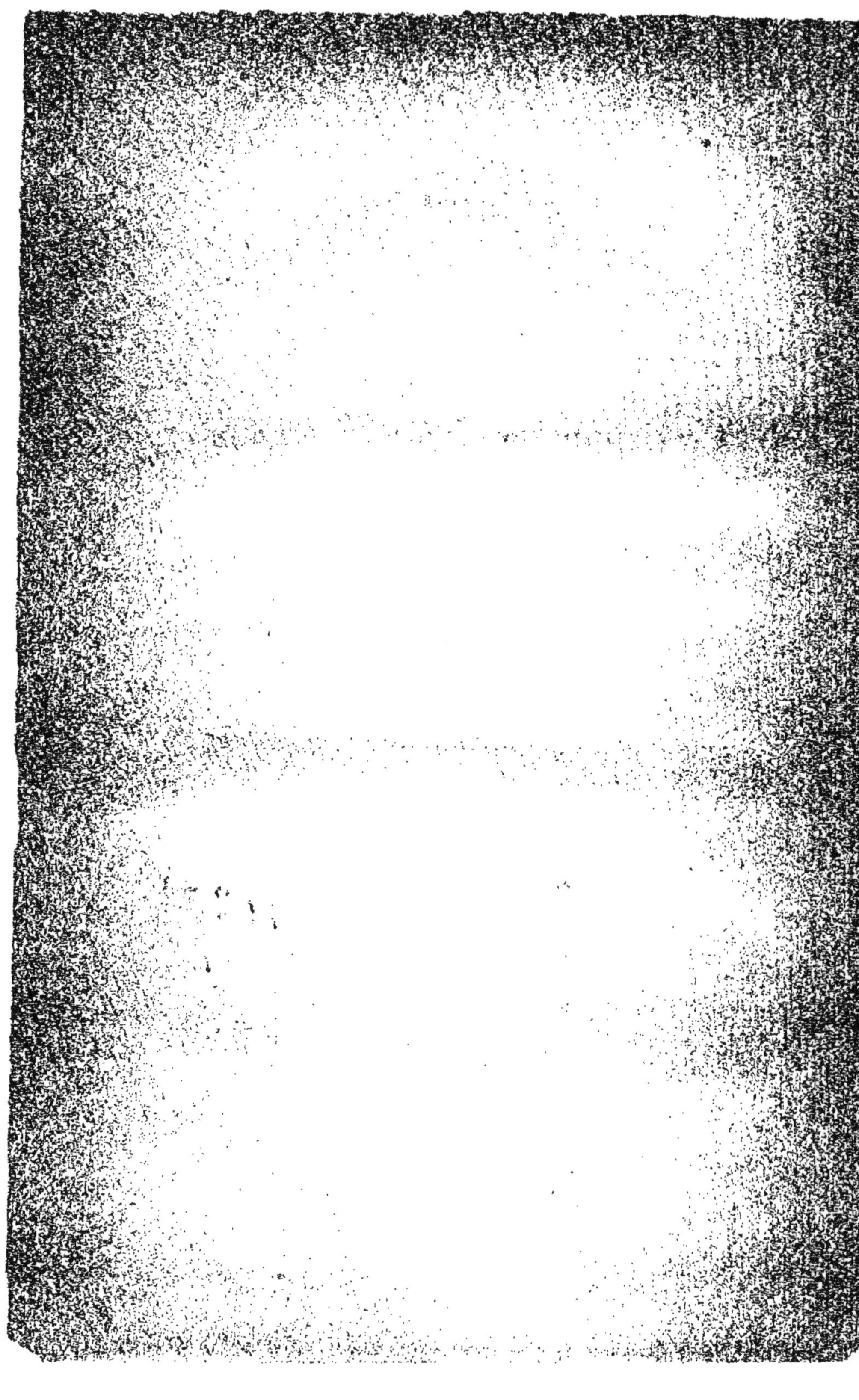

AVANT-PROPOS

Un grand ministre de l'avant-dernier siècle a dit : « La France périra faute de bois. » Si déjà à cette époque il lui était permis d'exprimer en pareils termes ses prévisions sur les conséquences de l'exploitation abusive des forêts, que ne serait-il pas autorisé à dire aujourd'hui en voyant, d'une part, notre consommation effrayante de bois d'œuvre de toute espèce, de l'autre, la destruction irréfléchie, le gaspillage insensé de nos dernières ressources forestières. Des abus de dépaissance, la manie de défricher, les demandes incessantes du commerce et de l'industrie, l'appât du gain, l'insouciance de l'avenir, tout cela s'est réuni pour faire disparaître dans maintes parties de notre beau pays ce qui constituait l'une de ses principales richesses. Aussi qu'est-il arrivé ? Des inondations désastreuses sont venues fondre sur nos campagnes ; dans beaucoup de localités, les conditions climatériques se sont modifiées d'une manière fâcheuse, et partout enfin se fait sentir la disette de bois d'œuvre, qui n'inspire que de trop légitimes alarmes. Chaque année le prix du chêne augmente dans une proportion considérable, et il en est de même de la plupart des autres essences. La cause en est tant dans l'épuisement graduel de nos futaies que dans le développement du commerce et de l'industrie. Malgré l'ingénieuse substitution du fer au bois, dans une foule de circonstances, les besoins de ce qu'on appelle bois de service ou de haute futaie s'accroissent journellement.

Les chemins de fer en absorbent des quantités énormes pour la construction des gares et surtout pour l'établissement et l'entretien des voies. D'après des calculs sérieux, dans vingt ans l'entretien de tout notre réseau ferré exigera la production annuelle de 2,000,000 d'hectares de forêts ordinaires ; or, c'est à peine si la France en possède encore 8,000,000.

Plus que jamais nous serons donc obligés de recourir à l'importation ; mais à l'étranger la production diminue également. Les pays du nord de l'Europe, où nous nous approvisionnons, commencent à se déboiser aussi. On ne s'en aperçoit que trop à la hausse des prix. Le Canada lui-même s'appauvrit ; le chêne, aussi bien que certaines espèces résineuses recherchées, telles que les pins rouges ou blancs, par exemple, commencent à y devenir rares. Ainsi, partout les ressources diminuent en même temps que la consommation augmente.

Il est toutefois une essence d'arbres exotiques qui paraît appelée à modifier heureusement cet état de choses, et dont l'acquisition bien récente encore doit être considérée comme un fait d'une haute importance économique ; car elle peut nous permettre, grâce à nos possessions d'Afrique, de combler dans un avenir prochain le déficit énorme qui existe dans notre production forestière. Nous avons nommé les Eucalyptus, dont nous allons essayer de faire connaître les précieuses qualités, en nous attachant surtout à être scrupuleusement exact.

L'accueil si bienveillant fait à notre premier travail sur l'Eucalyptus, ouvrage qui s'est trouvé rapidement épuisé, nous engage à en publier aujourd'hui une nouvelle édition, en y apportant d'assez nombreuses additions, grâce aux renseignements nouveaux que nous tenons de M. Ramel lui-même, l'infatigable propagateur de l'Eucalyptus. Mais de précieux matériaux ont été mis également à notre disposition avec infiniment d'obligeance par diverses autres personnes, notamment M. Rivière, le savant directeur du jardin d'essai du Hamma, et M. Cordier, d'El Alia (Algérie), dont les noms ont tant d'autorité en pareille matière. Qu'il nous soit permis de leur en exprimer ici toute notre reconnaissance.

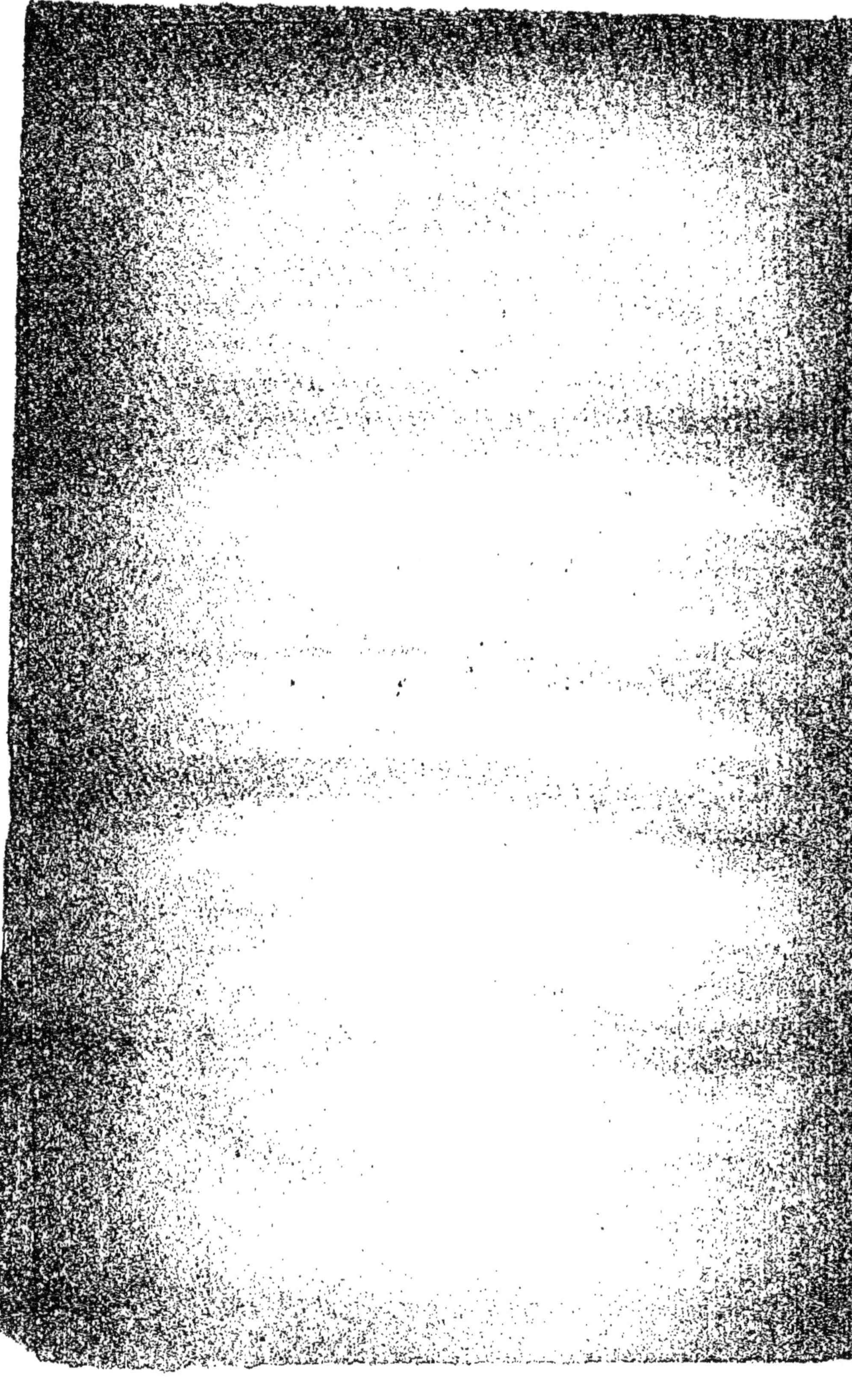

L'EUCALYPTUS

HISTORIQUE

Il y avait déjà fort longtemps que plusieurs espèces du genre *Eucalyptus* figuraient dans les jardins botaniques d'Europe, lorsqu'on songea d'une manière vraiment sérieuse à multiplier et à tirer parti de ces magnifiques représentants de la flore australienne.

Dès 1792, pendant le voyage des navires *la Recherche* et *l'Espérance*, ordonné par l'Assemblée nationale pour rechercher les traces de l'infortuné Lapérouse, La Billardière découvrait l'*Eucalyptus globulus*. Dans le récit de son voyage, ce savant rapporte qu'en longeant la Terre de Van Diémen, plus généralement connue aujourd'hui sous le nom de Tasmanie, il fut frappé de l'aspect étrange des forêts de la côte. S'étant fait débarquer, il se trouva au milieu d'arbres géants dont les premières branches apparaissaient à 60 mètres du sol. A l'aide d'une longue vue il reconnut que ces arbres étaient en fleurs, et ce fut à coups de carabine que l'on put en détacher quelques branches fleuries. Quelque surprenants que puissent paraître ces détails, ils ne renferment cependant aucune exagération. Sans doute la plupart de ces colosses du règne végétal dont parle La Billardière ont aujourd'hui disparu. En Australie, comme chez nous, la cognée du bûcheron va trop vite en besogne. Mais, loin des établissements des Européens, dans quelques vallées retirées, on rencontre encore souvent des Eucalyptus gigantesques. Tout récemment encore, on en trouvait dont le tronc ne mesurait pas moins de 27 mètres de circonférence à la base, soit 9 mètres de diamètre environ, et dont la cime s'élevait majestueusement dans les airs à plus de 100 mètres, c'est-à-dire à la hauteur des flèches de nos plus belles cathédrales : voilà pour les dimensions. On comprend facilement qu'à de pareilles hauteurs il est assez difficile de distinguer, à l'œil nu, des fleurs aussi petites que le sont celles des Eucalyptus, assez semblables à celles du Myrte.

Après La Billardière, plusieurs botanistes voyageurs parlèrent avec enthousiasme des dimensions colossales des Eucalyptus. Antoine Guichenot, jardinier-botaniste du Jardin des Plantes, rapporta d'un voyage en Australie (1800 à 1804) divers échantillons d'Eucalyptus qu'il signalait comme des essences forestières d'une acquisition précieuse.

Plus tard, d'autres introductions furent faites sur divers points, mais sans amener aucun résultat, et ces arbres n'étaient encore en Europe que des objets de curiosité botanique, quand, il y a quatorze ou quinze ans, un apôtre zélé vint élever la voix en leur faveur, et commença une véritable croisade contre l'indifférence injuste avec laquelle on avait accueilli les premiers essais de naturalisation. Cet apôtre, c'est un membre de la Société d'acclimatation, c'est M. P. Ramel, dont le nom est aujourd'hui inséparable de celui de l'Eucalyptus.

« Vers 1854, dit M. Ramel, dans un de ses écrits, me trouvant en Australie, je visitais le Jardin botanique de Melbourne, quand le directeur des travaux de cet établissement appela mon attention sur un jeune arbre qui croissait à vue d'œil dans une allée écartée. C'était un *blue gum* ou gommier bleu de la Tasmanie, nom vulgaire sous lequel on désigne en Australie l'*Eucalyptus globulus*. Je ne connaissais alors ni le nom ni le végétal, ajoute M. Ramel; mais je fus tellement frappé de la vigueur phénoménale de cet espèce d'arbre, qu'elle devint aussitôt pour moi un sujet d'admiration et d'étude. »

Mais M. Ramel ne se contenta pas d'admirer; dès 1856, il envoyait en France des graines d'Eucalyptus, et, rentré peu après en Europe avec la ferme volonté de doter l'ancien monde d'une essence d'arbre dont il avait constaté les qualités exceptionnelles, il se mit courageusement à l'œuvre. Poursuivant son idée philanthropique avec une ardeur, un dévouement, une ténacité sans égales, il est parvenu à faire connaître, apprécier et cultiver partout l'Eucalyptus, qui est aujourd'hui répandu non-seulement dans toute la zone littorale de la Méditerranée, en Provence, en Corse, en Algérie, en Italie, en Espagne, en Égypte, mais encore au Sénégal, à la Réunion, au cap de Bonne-Espérance, et jusqu'au Brésil, où il a également obtenu ses lettres de naturalisation. Dès maintenant M. Ramel peut se glorifier du succès de la noble mission qu'il s'était donnée, et la France et l'Algérie se trouvent mises en possession d'une véritable fortune, grâce à son zèle et à sa persévérance, où le patriotisme l'a toujours disputé au désintéressement[1].

[1] Il serait injuste d'omettre de dire ici que M. Ramel s'est vu surtout encouragé dans son œuvre par M. le baron Ferdinand von Mueller, le créateur du Jardin colonial de Melbourne. Voyageur naturaliste distingué, dont les longues et fructueuses explorations nous ont fait connaître la flore australienne, M. Mueller a fait du Jardin botanique de Melbourne, qu'il dirige depuis plus de vingt ans, le centre d'échange le plus étendu qui soit peut-être pour les plantes des zones tempérées et subtropicales. Collectionneur infatigable, auteur fécond, vulgarisateur habile, il a fait connaître par des ouvrages descriptifs, par des rapports et des énumérations raisonnées, toutes les ressources économiques que l'Australie puisait, grâce à lui, soit dans la végétation indigène, soit dans les jardins botaniques du monde entier; mais, en homme qui veut donner autant qu'il reçoit, c'est avec une ardeur constante qu'il songe à doter les autres pays des richesses naturelles de l'Australie. « Dans cette tâche généreuse, nul ne pouvait mieux le seconder que notre compatriote M. Ramel, et le souvenir de ces deux hommes doit rester lié aux bienfaits de l'Eucalyptus, partout où cet arbre prospérera, comme une source de richesse et de salubrité publiques. Dans l'histoire de la naturalisation lointaine de l'Eucalyptus, M. Mueller, c'est le savant qui calcule sûrement l'avenir de l'arbre, qui lui trace son itinéraire et lui prédit sa destinée; M. Ramel, c'est l'amateur enthousiaste qui s'enrôle corps et âme dans une mission de propagande. Tous deux ont la foi; mais l'un est le prophète, l'autre l'apôtre, et, dans cette noble confraternité de services, où les rôles se complètent et se confondent, la reconnaissance publique ne voudra pas séparer ces deux noms que l'amitié réunit. » (PLANCHON. — *L'Eucalyptus globulus au point de vue botanique, économique et médical.* — *Revue des Deux-Mondes.* Janvier 1875.)

ESPÈCES PRINCIPALES

LEURS PROPRIÉTÉS.

Les Eucalyptus appartiennent à la même famille que nos Myrtes, modestes arbrisseaux auxquels on n'aurait guère soupçonné dans le Nouveau-Monde d'aussi gigantesques cousins germains. La plupart des espèces du genre atteignent, en effet, des dimensions vraiment prodigieuses, et de ce nombre est, comme nous l'avons vu, l'*E. globulus*, sur lequel s'est principalement portée jusqu'ici l'attention publique, en raison de sa rapidité de croissance.

Mais on sait que la plupart de ses nombreux congénères sont également fort intéressants à divers titres. Les uns produisent de la résine; d'autres, des huiles susceptibles d'être employées dans l'industrie ou la thérapeutique; et la science est loin d'avoir dit son dernier mot sur tout le parti qu'on peut tirer de ces utiles végétaux.

Comme toutes les Myrtacées, les Eucalyptus sont des végétaux à feuillage persistant, mais présentant cette particularité de changer d'aspect quand l'arbre atteint l'âge de trois ou quatre ans. Les feuilles, d'abord larges, sessiles et horizontales, prennent alors une direction oblique, ou même pendent verticalement aux rameaux à l'extrémité de longs pétioles. Pour parler plus exactement, ce ne sont plus que de simples pétioles très-dilatés, présentant sous leurs deux faces une organisation uniforme. Ces feuilles modifiées, ou *phyllodes*, propres à un grand nombre de végétaux australiens, sont généralement de nature coriace, et paraissent organisées pour résister aux accidents atmosphériques, tels que les tempêtes, le siroco, la grêle, etc. Elles renferment de nombreuses glandes pellucides, remplies d'huile essentielle qui répand une odeur forte, pénétrante, sans être désagréable.

Quand une brise légère fait flotter le feuillage, on perçoit souvent au loin une odeur balsamique qui rappelle celle des sapinières. Ces émanations sont douées de propriétés bienfaisantes parfaitement constatées aujourd'hui ; elles favorisent la respiration et neutralisent d'une façon admirable les miasmes paludéens, comme nous le verrons plus loin.

Cette odeur des feuilles varie d'espèce à espèce. Chez l'*E. globulus*, elle rappelle assez volontiers celle de la sauge officinale ; chez d'autres espèces, elle se modifie avec l'âge de l'arbre. Ainsi, par exemple, chez l'Eucalyptus à odeur de citron (*E. citriodora*) les jeunes plantes répandent d'abord une odeur de mélisse très-prononcée, à tel point que le botaniste anglais Lindley crut d'abord à l'existence d'une espèce nouvelle à laquelle il donna le nom d'*E. melissiodora*. Ce fut seulement lorsqu'on eut suivi l'arbre dans son entier développement qu'on reconnut que les deux prétendues espèces n'en formaient réellement qu'une, dont les caractères se modifiaient avec l'âge du sujet.

De même que les feuilles, les fleurs, les fruits et l'écorce des Eucalyptus sont couverts de glandes produisant de l'huile essentielle très-odorante, mais qui diffère de celle des feuilles; absolument comme chez l'Oranger, où nous voyons les fleurs, les feuilles et les fruits produire autant d'essences différentes.

La végétation des Eucalyptus est d'une rapidité phénoménale, même lorsqu'on les transporte loin de leur habitat naturel. Au jardin d'essai du Hamma, près Alger, M. Hardy en a vu croître de 6 mètres par saison. Au Jardin fleuriste de la ville de Paris, avenue d'Eylau, le premier *E. globulus* qui y fut planté, il y a quinze ans, grandit d'environ 1 mètre par mois, pendant toute la belle saison. Malheureusement, à l'approche des froids, il fallut le mutiler pour le rentrer en serre : car cet arbre ne saurait supporter nos hivers parisiens.

Par un privilége aussi rare qu'inattendu, malgré leur prodigieuse rapidité de croissance, les Eucalyptus n'en fournissent pas moins un bois d'une solidité remarquable. Quand on expose quelque temps ce bois à l'air avant de l'employer, sa dureté augmente encore; c'est que certaines gommes-résines qu'il renferme se coagulent et en assurent mieux encore la conservation. Ces matières résineuses sont contenues dans des cellules spéciales réparties dans toute la masse ligneuse. Très-abondantes chez quelques espèces, elles donnent alors au bois une dureté supérieure même à celle du fameux bois de tek. C'est ainsi que l'*E. marginata*, ou

Eucalyptus acajou, par exemple (espèce dont la végétation est moins rapide à la vérité que celle de l'*E. globulus*), produit un bois inattaquable par les tarets. Des planches de ce bois ont été retrouvées parfaitement intactes après un séjour de dix-sept ans dans la mer, tandis que sur le même point les bois d'un navire échoué étaient perforés en tout sens par des myriades de tarets. Ailleurs, des piles de ce même bois restées vingt-cinq ans sous l'eau ont été retrouvées dans un état parfait de conservation. Dans l'Inde, alors que le bois de tek lui-même n'est point à l'abri des ravages des termites ou fourmis blanches, le bois de l'*E. marginata* n'a rien à craindre de ces insectes dévastateurs. Plusieurs fois, la sécurité s'est trouvée gravement compromise sur les chemins de fer indiens par les dégâts que causaient ces redoutables termites qui, sur tout le parcours de la voie, détruisaient constamment les poutres transversales sous les rails, poutres faites naturellement en bois du pays. Aujourd'hui, on emploie autant que possible les poutres d'Eucalyptus, lesquelles résistent parfaitement, d'abord à cause de leur dureté, ensuite peut-être aussi à cause du goût résineux de ce bois qui déplaît aux insectes.

Cette opinion paraît d'autant mieux fondée que le feuillage des *Eucalyptus* est également respecté par les insectes, à cause de son goût et de son odeur balsamiques. Les sauterelles elles-mêmes, ces terribles insectes qui désolent parfois certaines parties de nos possessions d'Afrique, s'attaquent peu aux *Eucalyptus globulus* ayant atteint un certain développement. C'est ainsi que, lors de leurs invasions dans le nord de l'Algérie en 1866 et 1873, elles ne firent aucun dégât dans les plantations âgées de plus d'une année; seules les plantations récentes furent en partie détruites[1].

C'est probablement aussi à la présence des gommes-résines qu'il renferme que le bois d'Eucalyptus doit de résister aussi facilement à l'action de l'eau et de l'humidité. Propre à tous les genres de construction, ce bois est surtout appelé à rendre d'immenses services à la marine en raison de son inaltérabilité. Tous les travaux maritimes, quais, digues, jetées, etc., de la côte australienne sont faits avec ce bois que nul autre n'égale en durée dans ce genre d'emploi. La solidité et les grandes dimensions des poutres et des planches que l'on peut faire avec les Eucalyptus les désignent tout naturellement pour la construction des navires. On peut tailler dans ces arbres des pièces énormes pour la mâture, la quille et la coque des vaisseaux. Les navires sortant des chantiers de construction d'Hobart-Town, qui ont une si grande réputation de solidité, ne la doivent qu'au bois d'Eucalyptus avec lequel ils sont construits.

L'élasticité du bois d'Eucalyptus est également des plus grandes; la force d'un homme ne suffit pas pour rompre une branche d'un mètre de longueur et de quelques centimètres de diamètre. Dans les bourrasques qui soufflent si fréquemment sur le littoral de la Méditerranée, on voit quelquefois les hautes tiges des

1 Quant aux diverses autres espèces d'Eucalyptus, il en est assez peu qui furent épargnées ; les *resinifera*, *viminalis*, etc., ayant cinq à six ans de plantation, furent entièrement dépouillés de leur feuillage et eurent même l'écorce de leurs jeunes rameaux rongée. (Cordier.)

Eucalyptus se courber complétement sous l'effort du vent, et jamais elles ne se brisent.

L'*Eucalyptus globulus*[1] est un arbre d'un port régulier ayant une tige droite et élancée. Son écorce s'exfolie comme celle du platane. Dans sa jeunesse sa tige est garnie, de bas en haut, de rameaux opposés, disposés en croix et retombant avec élégance. Ses feuilles, sessiles, opposées, ovaliformes pendant les deux ou trois premières années, perdent ensuite cette forme, comme nous l'avons dit plus haut; elles deviennent alternes, longuement pétiolées et bientôt falciformes; elles sont alors généralement pendantes et jouent au vent comme celles du tremble. La fleur est blanche, de grandeur moyenne; elle contient de 900 à 1200 étamines. Le fruit est capsulaire et renferme une grande quantité de graines de couleur noirâtre[2].

C'est principalement dans les vallées et sur les versants humides des montagnes boisées de la Nouvelle-Hollande, depuis Apollo-Bay jusqu'au delà du cap Wilson, que l'on rencontre l'*Eucalyptus globulus*. De là, il s'étend en petits massifs isolés jusqu'aux montagnes

[1] Cette espèce a été aussi désignée sous les divers noms d'*E. glauca, cordata, heterophylla* et *diversifolia*.

[2] Ce fruit, que La Billardière compare, pour la forme, à un bouton d'habit, et d'où il a tiré le nom de *globulus*, donne plutôt, dit M. Planchon, l'idée d'une petite urne que d'un bouton. Avant la floraison, la partie inférieure du calice, qui devient le fruit, porte un couvercle conique, rugueux et épais, représentant aux yeux de quelques botanistes la partie supérieure du calice, et pour d'autres une corolle à pétales soudés. En tout cas, c'est ce couvercle, recouvrant et cachant longtemps les étamines, qui a valu au genre le nom d'*Eucalyptus*, de deux mots grecs qui signifient « je cache bien. »

dites *Buffalo-Range*. On le voit s'élever à des altitudes plus froides dans la région méridionale de la Tasmanie ; mais on le trouve aussi dans les vallées parcourues par les rivières d'Aspley et de Douglas, ainsi que sur la côte orientale et à l'île Flinders, dans le détroit de Banks.

Sur les collines rocheuses du littoral, preque constamment exposées au souffle de la tempête, il ne forme que des arbrisseaux touffus, qui fleurissent et fructifient abondamment. Mais, dans les lieux abrités, où il peut acquérir tout son développement, il atteint des dimensions qui permettent de le classer parmi les colosses du règne végétal : 60 à 70 mètres est la hauteur que présentent généralement les individus âgés d'une centaine d'années, et il n'est pas rare d'en trouver allant à 100 mètres et mesurant de 28 à 30 mètres de circonférence à la base. Ces dimensions sont même parfois dépassées, puisqu'on en a mesuré qui avaient jusqu'à 106 mètres de hauteur. Dans les forêts, où les arbres croissent régulièrement, il est rare que les grosses branches commencent au-dessous de 30 mètres, et l'on y voit beaucoup d'arbres dont la tige droite et filée ne se ramifie qu'au-dessus de 60 mètres. Nous avons vu aux diverses expositions internationales de Londres et de Paris des échantillons de bois d'*Eucalyptus* d'une dimension prodigieuse. Une planche expédiée à Londres, en 1851, ne mesurait pas moins de 47 mètres de long sur 3 m. 50 c. de large et 8 centimètres d'épaisseur. Une autre planche de 51 mètres de long avait été préparée pour l'Exposition de 1855 ; mais il fut impossible de trouver dans le port d'Hobart-Town un navire assez long pour la charger. On dut se borner à expédier un autre échantillon consistant en une rondelle d'un mètre de diamètre, enlevée à 59 mètres de la racine, sur un arbre de 97 mètres de haut, dont la première branche partait à 63 mètres du sol. Ce colosse débité en planches, solives, lattes et autres pièces de toute grandeur, dont le nombre était fabuleux, a été vendu en détail pour le prix de 245 l. 12 sh. sterl., ou environ 6,140 francs en monnaie française.

Au point de vue de son emploi pour le chauffage, le bois d'Eucalyptus présente une très-grande valeur. Dans certaines parties de l'Australie, où la houille est fort rare, on la remplace dans l'industrie et les chemins de fer par le bois d'Eucalyptus, qui est un excellent combustible. Il donne une braise ardente qui reste longtemps en ignition, et il fournit un charbon qui a beaucoup de calorique et de densité; enfin ses cendres sont éminemment riches en potasse.

Outre le bois, il est quelques produits secondaires des Eucalyptus que nous ne devons point passer sous silence. Les fibres de l'écorce sont susceptibles d'être employées dans la fabrication du papier et du carton; mais c'est surtout, croyons-nous, pour le tannage des peaux que l'écorce trouverait chez nous une utile application. Il y a déjà longtemps qu'on l'emploie pour cet usage en Australie, et l'on commence également à l'utiliser aussi sur une large échelle en Espagne et surtout en Portugal. Cette écorce est, en effet, au moins aussi riche en tannin que celle du chêne.

Un point sur lequel il est bon d'insister également, c'est que la floraison des *Eucalyptus*, en général si abondante, peut rendre les plus grands services dans les pays producteurs de miel. En Australie, où ces végétaux représentent à peu près les 99 centièmes de la flore forestière, l'abeille commune d'Europe, introduite par les soins de M. Wilson, s'y est multipliée en quelques années d'une façon incroyable, à tel point que les ouvriers des mines vont fréquemment dans les forêts à la recherche du miel et de la cire des essaims sauvages. Les fleurs d'*Eucalyptus* seront chez nous, pour la nourriture des abeilles, une ressource d'autant plus précieuse qu'elles paraissent à une époque de l'année où les autres font défaut. En changeant de climat, les végétaux australiens n'en continuent pas moins à obéir aux lois du calendrier de leur hémisphère : pour eux, le printemps commence au 21 septembre.

La quantité d'huile essentielle qu'on obtient par la distillation des feuilles s'élève à plus de 2 pour 100 du poids de ces feuilles fraîches, et à 6 ou 7 pour 100 des feuilles sèches. Cette essence, utilisée déjà depuis longtemps en Angleterre, par la parfumerie principalement, commence à se répandre chez nous dans le commerce. A Grasse, elle ne se vend pas moins de 15 fr. le kilog. On voit donc que c'est déjà un produit d'une certaine valeur pour l'industrie et qui doit entrer en ligne de compte dans le chiffre des bénéfices. Mais ce qu'il y a surtout de très-important, c'est qu'à côté de sa valeur industrielle, l'essence d'Eucalyptus en a une bien plus sérieuse en médecine. En rectifiant cette essence, M. Cloëz en a obtenu un principe immédiat, d'une nature particulière, auquel il a donné le nom d'*Eucalyptol*. Ce produit, qui se rapproche du camphre par sa composition chimique, jouit de hautes vertus thérapeutiques, particulièrement fébrifuges, toniques, stimulantes et antispasmodiques.

Ce n'est pas seulement, d'ailleurs, quand la fièvre est déclarée que l'Eucalyptus peut rendre des services. Il fait mieux que cela, il protége contre l'invasion du mal, par la [illegible] et l'abondance de ses émanations aromatiques, qui détruisent les animalcules des miasmes palustres.

Nous reviendrons, du reste, plus loin sur ces différentes questions, en nous occupant en détail des nombreux produits des Eucalyptus.

Le genre Eucalyptus renferme au moins 150 espèces, dont plus d'une centaine ont déjà été l'objet d'essais de culture dans notre colonie algérienne[1]. Un certain nombre d'entre elles ont déjà pu être appréciées et sont plus ou moins recommandables ; d'autres, d'importation toute récente, ne peuvent encore être jugées. Nous passerons rapidement en revue celles qui paraissent devoir surtout mériter l'attention.

L'*Eucalyptus marginata*, vulgairement nommé en Australie *Jarra* ou *Djaryl*, est celui dont le bois se travaille le plus facilement. Nous avons déjà parlé plus haut de son application aux constructions maritimes ; ajoutons que, d'un grain fin et serré qui le rend

1 M. Cordier possède actuellement cent et quelques espèces d'Eucalyptus dans ses plantations expérimentales, et déjà une trentaine des premières introduites lui ont donné des graines fertiles qui ont permis de les reproduire et d'en propager la culture.

susceptible d'un beau poli, nuancé de très-jolies veines rappelant celles de l'acajou (d'où son nom de *mahogany*, acajou en anglais), il peut rendre de véritables services à l'ébénisterie qui en tire un très-grand parti en Australie.

Malheureusement, sa végétation n'a pas la rapidité de celle du *globulus*. Chez nous, l'espèce se montre assez délicate, au moins dans le premier âge. En Algérie, M. A. Cordier l'a même trouvée d'une croissance très-lente et difficile à élever ; « les jeunes plants, dit-il, fondent facilement avant leur mise en pleine terre. »

En Australie, cet arbre atteint des dimensions colossales et paraît très-vigoureux. Il faut donc, sans doute, attendre encore avant de porter un jugement définitif sur son compte.

L'*E. rostrata* (Schlechtendal), vulgairement *gommier rouge* (*red gum tree*), partage à peu près toutes les qualités de l'*E. globulus*, tout en offrant sur lui divers avantages dans certains cas. C'est un grand et bel arbre, qui se montre surtout au bord des rivières et dans les terrains humides, où il acquiert parfois des dimensions gigantesques. Il habite à peu près toute l'Australie, mais il est inconnu en Tasmanie. Assez rare dans les districts montagneux, sa présence dans les plaines arides indique toujours la trace de petits cours d'eau desséchés.

Il fournit un bois dur, très-compacte, d'un aspect perlé et d'une jolie couleur rouge, ce qui le fait souvent rechercher pour les travaux d'ébénisterie, utilisant surtout les excroissances du tronc et des racines dont les veines sont assez élégantes.

Ce bois, l'un des plus employés pour le chauffage, à cause de son abondance, brûle cependant avec moins de facilité et donne moins de flamme que certains autres; mais sa braise dégage une forte chaleur qui se conserve longtemps; son principal mérite, du reste, comme celui du *Jarra*, c'est sa résistance à l'action de l'humidité et autres influences atmosphériques. Il fournit ainsi d'excellents matériaux de palissades, et, quand il est bien choisi, il rivalise avec celui des deux espèces précédentes pour la construction des navires, des jetées et des ponts, pour la confection des jantes de roues, des traverses de chemins de fer et pour les bâtis de machines.

Un des plus importants contrats de travaux en bois qui aient jamais été cités vient d'être signé à Melbourne pour le renouvellement des quais de débarquement qui bordent le Yarra-Yarra, et le seul bois admis dans ce contrat par les ingénieurs est le *red gum*. Telle est l'opinion que l'on a en Australie des qualités de cet arbre.

Ajoutons que l'*E. rostrata* a, au point de vue de la thérapeutique, la même importance que l'Eucalyptus globulus, et l'avantage qu'il présente sur ce dernier, de se plaire dans les terrains très-mouillés, le rendra précieux pour certaines régions où le globulus ne saurait réussir, telles, par exemple, que plusieurs points de la Cochinchine. M. Ramel ne met point en doute la prompte acclimatation du *red gum* sur le sol de notre colonie asiatique, où sa place naturelle est marquée auprès des rivières et partout où l'eau saumâtre ne sera pas à craindre.

La rapidité de croissance de cet arbre, moins grande que celle du globulus, est encore très-remarquable, néanmoins.

L'écorce de l'*E. rostrata* fournit aux papeteries une matière première abondante, mais qui ne peut guère être utilisée que pour la fabrication des papiers d'emballage ou comme pâte à carton. On en a fait cependant d'assez bon papier à filtre, papier buvard, etc.

L'*E. amygdalina* (La Billardière), connu vulgairement sous le nom d'*Eucalyptus menthe-poivrée à feuilles étroites* (*narrow leaved peppermint tree*), est encore une espèce à dimensions colossales. Il atteint généralement une hauteur de 150 pieds anglais, soit 50 mètres environ avec un diamètre de 4 à 8 pieds (1^m,20 à 2^m,50) pour le tronc, au niveau du sol. Certains arbres très-âgés de cette espèce, venus dans des conditions exceptionnellement bonnes, peuvent être classés au nombre des géants du règne végétal. On en a trouvé sur divers points de l'Australie dont la cime s'élevait à 480 pieds, et dont le tronc, mesurant jusqu'à 81 pieds de circonférence, à 4 pieds du sol, ne commençait à se ramifier qu'à la hauteur de 295 pieds. Le *Wellingtonia gigantea*, de Californie, peut seul disputer le rang à ces colosses des forêts de l'Australie. Pour se représenter les dimensions de pareils arbres, il faut se rappeler que la flèche de la cathédrale de Strasbourg, le plus haut monument qui soit en Europe, ne s'élève pas à plus de 460 pieds au-dessus du sol.

L'*E. amygdalina*, qui habite la Tasmanie et la Nouvelle-Galles, s'étend aussi dans toutes les régions boisées sud de la colonie de Victoria. Son bois, d'un grain très-serré, est surtout employé pour les palissades ; il est parfois élégamment veiné.

C'est l'espèce dont le feuillage produit le plus d'huile odoriférante : le rendement varie de 2 à 4 pour 100 du poids des feuilles fraîches ou des jeunes rameaux.

Cet Eucalyptus ne paraît pas très-difficile sur la nature du sol, puisqu'on le rencontre ordinairement dans les terrains sablonneux ou pierreux. Cependant, d'après les observations de M. Rivière, il ne semble pas réussir parfaitement en Algérie, où sa végétation est un peu languissante comparée à celle de ses congénères.

L'*E. obliqua* (l'Héritier) vel *robusta, fabrorum* (Schl.), *gigantea* (J. Hook), vulgairement *stringy-bark* (écorce fibreuse), paraît être une espèce rustique. Elle végète à des hauteurs considérables et sur de très-pauvres terrains, dans tous les districts montagneux de la Tasmanie, ainsi que des provinces de Victoria et de South-Australia, où elle forme de vastes forêts[1]. C'est un très-

[1] « Cette espèce, dit M. Mueller, mérite d'être semée simultanément avec l'*E. globulus*. Bien qu'elle ne puisse pas réussir aussi bien que ce dernier dans toutes les couches géologiques, sa croissance, dans les circonstances favorables, est aussi rapide. »

En même temps que cette assertion du savant directeur du Jardin botanique de Melbourne, nous croyons devoir reproduire la note suivante de M. Cordier sur le même arbre : « Nous avons jusqu'à présent mal réussi dans nos essais de cette précieuse espèce ; les jeunes plants fondent facilement.... Il faut croire que la nature des terrains où nous les avons placés n'est pas favorable, et nous pensons qu'il faut y renoncer pour la plantation de la plaine.... L'un de nos

bel arbre, dont les sujets de 300 et 400 pieds de haut ne sont pas rares, et sa hauteur moyenne peut être estimée à 150 pieds. Le bois, dur, à grain serré et rappelant beaucoup celui de l'*E. globulus*, quoique lui étant inférieur à certains points de vue, est susceptible de recevoir une foule d'applications. On lui reproche de se déjeter et de pourrir facilement ; ce qui n'empêche pas de l'employer beaucoup comme bois de construction. Il est d'ailleurs d'une très-grande solidité ; d'après M. Ramel, sa force dynamométrique dépasserait même celle du *globulus*, qui cède à une pression de 4,000 et quelques livres, tandis que l'*obliqua* ne rompt qu'à 6,200 ou 6,300 livres. En outre, il présente, grâce à ses veines parfaitement droites, l'avantage de se travailler et surtout de se fendre plus aisément que beaucoup de ses congénères ; aussi le recherche-t-on pour la confection des lattes et autres matériaux de palissades ; on en fait aussi des voliges pour toiture. Mais, comme couverture pour les constructions rurales, c'est surtout son écorce que l'on utilise ; très-épaisse et facilement détachable, elle s'enlève par de larges plaques, que les indigènes excellent surtout à rassembler et à aplatir pour cet usage ; elle donne une couverture à la fois très-légère et protégeant bien contre le soleil et la pluie.

jeunes *E. gigantea* mesure actuellement 60 centimètres de circonférence sur 12 mètres de hauteur à huit ans d'âge, végétation qui n'est pas à dédaigner : tronc droit, rugueux à sa partie inférieure ; écorce se détachant par plaques dans le haut ; rameaux inférieurs persistants ; fleurs en bouquets de 9 à 12, dont plusieurs avortent ; fruit campanulé, long de 6 à 8 millimètres ; feuilles grandes, ovales, oblongues lancéolées, d'un vert foncé, longues de 12 à 15 centimètres, larges de 4 à 6, luisantes, un peu courbées, subondulées. »

Les fibres de cette écorce, comparables à celle du *Blue gum* (*E. globulus*), mais moins fines et moins solides, sont néanmoins très-employées pour fabriquer des nattes et des paillassons. Du reste, l'écorce, dans toute son épaisseur, peut être utilisée pour la fabrication soit du papier, soit du carton. Elle se prête bien à l'action des broyeuses mécaniques, donne une pâte qui blanchit facilement et forme la matière première d'excellents papiers à impression, papiers de tenture et autres. D'après M. Mueller, c'est principalement l'écorce de cette espèce d'*Eucalyptus* qui est appelée à rendre d'innombrables services aux papetiers, en raison de son abondance : car c'est par millions de tonnes que la matière première peut être livrée à l'industrie. Ainsi que l'a fait très-bien observer M. Ramel, peut-être serait-il possible d'exploiter cette écorce sans dommage pour l'arbre, comme cela se pratique avec le chêne-liége.

Il existe une variété de l'*E. obliqua* désignée vulgairement sous le nom de *gum topped stringy bark*, aussi aussi appelée quelquefois *white gum*, qui diffère du type par l'aspect de son feuillage aux reflets bleuâtres comme celui de l'*E. globulus*.

L'*E. colossea* ou *diversicolor*, appelé communément *Kary*, est surtout connu par les dimensions gigantesques qu'il atteint lorsqu'il rencontre un terrain favorable. Dans un des fertiles vallons du bassin de la rivière Warren (Australie méridionale), un voyageur, M. Pemberton Walcott, a vu un arbre de cette espèce, dont le tronc, carié à l'intérieur, présentait une cavité telle que trois cavaliers, accompagnés d'un cheval de bât, purent s'y introduire sans descendre de leurs montures.

Cette espèce a déjà été essayée chez nous. « Bien que nous ne le connaissions que depuis deux ans, dit M. Cordier, l'*E. colossea* nous paraît jusqu'à présent une des espèces à vulgariser tant sous le rapport de sa rusticité que de sa rapidité de croissance, qui ne le cède pas au globulus. M. Ramel, auquel nous devons son introduction en Algérie, l'a propagé par milliers, et nous le voyons végéter vigoureusement sur des sols de diverses natures, même ceux sablonneux ».

Son développement se montre également très-actif à Hyères, où M. Nardy en recommande beaucoup la culture. L'arbre, à feuilles larges et abondantes, est très-ornemental.

L'*E. microtheca* (F. Mueller), ou *Black-Box*, est encore un arbre géant des forêts du centre et du sud de l'Australie, où il se montre en grande abondance sur tous les terrains d'alluvion. Son écorce noire, légèrement fissurée et persistante sur toute la longueur du tronc, est, au contraire, assez lisse et de couleur cendrée sur les branches. Le bois, comparable à celui du noyer, mais plus foncé, plus lourd, et d'un grain plus serré, fournit, pour la construction, des poutres d'une solidité à toute épreuve. Il brûle avec une flamme brillante et dégage beaucoup de chaleur.

L'*E. Stuartiana* (F. Mueller) se montre dans toutes les localités de la Tasmanie, de Victoria, de South-

Australia et de la Nouvelle-Galles du Sud. C'est une des espèces appelées vulgairement Gommiers blancs (*white-gum trees*); on la désigne quelquefois sous le nom d'*apple tree*, dans les environs de Dandenong, et sous celui de *water-gum tree*, en Tasmanie, à cause de sa préférence marquée pour les sols fortement arrosés [1]. On le trouve, du reste, aussi bien dans les montagnes que dans les pays de plaine, et partout on le voit acquérir des dimensions énormes que surpassent seuls les *E. amygdalina* et *colossea*. Son écorce fournit de bons matériaux pour la fabrication du carton et du papier à enveloppes.

« Nous avons planté en avril 1869, des *E. Stuartiana* dans des sols de natures diverses et secs, dit, M. Cordier : quoique ces jeunes arbres aient végété moins bien que les *E. rostrata*, ils sont d'assez bonne venue; quelques-uns cependant sont morts de sécheresse à la suite des chaleurs sénégaliennes qui se sont fait sentir pendant l'été de 1873 sur le littoral algérien, ce qui nous fait croire qu'il viendra encore mieux dans les terrains humides. En 1870, nous en avons planté quelques-uns dans des terrains qui conservent l'humidité, et là nous reconnaissons qu'ils ne tarderont pas à dépasser ceux des terrains secs.

« A quatre ans, 46 centimètres de circonférence et 7 mètres de hauteur. »

Tronc à écorce rude, quelquefois striée, d'un gris terreux; celle des branches est lisse et caduque; rameaux nombreux; tige rougeâtre; feuilles oblongues,

[1] Toutefois, M. Cordier l'a vu, en Algérie, résister mieux à la sécheresse que certaines autres espèces, notamment l'*E. globulus*.

lancéolées, d'un vert foncé, légèrement luisantes, les plus grandes ayant 12 centimètres de long sur 4 de large; fleurs blanches.

L'*E. corymbosa*, Smits. (*Bloodwood-tree*, ou Bois-sang), est un arbre de taille moyenne, qui habite surtout les régions orientales de l'Australie. Il donne un bois de couleur rouge, très-estimé pour le chauffage, mais auquel on reproche de se fendre difficilement et d'être trop résineux; ce défaut, néanmoins, devient quelquefois une qualité: car, précisément à cause de sa nature, ce bois résiste parfaitement à l'humidité, et peut être enterré impunément. On en fait d'excellentes palissades, et il pourrait convenir à une foule d'usages dans les arts industriels. Le papier fabriqué avec l'écorce de cet arbre est surtout remarquable par sa très-grande solidité.

L'*E. corymbosa* est une des espèces qui conviennent le mieux aux terrains secs.

L'*E. goniocalyx* (F. Mueller) est un des *white-gum trees* ou Gommiers blancs, nom vulgairement donné à plusieurs espèces présentant pour caractère commun de fournir un bois dur, à grain très-serré et, par suite, fort employé dans les travaux de construction; celui du *goniocalyx* est particulièrement utilisé pour faire des douves de tonneaux; il passe pour un médiocre chauffage. Cette espèce, qui donne des arbres de très-grande taille, croît surtout dans les forêts humides des montagnes[1]; inconnue en Tasmanie, elle paraît limitée aux districts les plus fertiles de Victoria et du Sud de la Nouvelle-Galles, où elle est désignée quelquefois sous le nom de *Spotted-gum tree*. Son feuillage est riche en huile volatile, et l'écorce fournit une pâte excellente pour papiers à enveloppes, mais assez inférieure pour papiers d'impression.

Tronc assez droit, écorce rugueuse, fendillée; rameaux retombants; feuilles arrondies dans le jeune âge, plus tard allongées, lancéolées, plus ou moins falciformes de 25 à 30 centimètres de longueur, sur 3 centimètres et demi de largeur.

L'*E. fissilis* (F. Mueller), vulgairement *Messmate*, est une grande, vigoureuse et rustique espèce, qu'on trouve dans les districts montagneux les moins fertiles. Son bois, à grain dur et serré, se fend bien; il s'emploie pour la construction et surtout dans la carrosserie; on en fait des flèches et des timons de voitures, de charrues, etc. L'arbre, ordinairement de grande taille, est connu des indigènes sous le nom de *Dargogne*. En

[1] Quoi qu'il en soit, M. Cordier ne l'a vu réussir en Algérie que dans des terrains secs. « D'abord grêle pendant la première année, dit-il, l'*E. goniocalyx* a végété ensuite assez rapidement dans les terrains de moyenne consistance quoique de nature sèche;.... dans les terrains humides, il est mort dès la première année de plantation.

« Un de nos premiers plants, cassé par accident ras du sol, a repoussé sur la souche plusieurs tiges, dont deux, quelques années après, égalaient en hauteur leurs congénères de même âge, ce qui nous fait penser que cette espèce d'Eucalyptus serait propre à former des taillis que l'on pourrait exploiter par des coupes périodiques. — A huit ans, 99 cent. de circonférence et 7 à 8 mètres de haut. »

Algérie, cette espèce s'est montrée de végétation lente et ne paraît pas devoir atteindre de grandes proportions.

L'*E. inophloia* (F. Mueller), ou *Mountain-ash* (Frêne des montagnes), doit son nom vulgaire à la ressemblance éloignée qu'il offre, comme port, avec le Frêne d'Europe. C'est un grand arbre des forêts montagneuses du sud et de l'est de Victoria. Son bois, assez semblable à celui de l'*E. goniocalyx*, n'est peut-être point aussi estimé qu'il le mérite; on l'emploie cependant fréquemment dans le charronnage pour jantes de roues légères, et il convient à une foule d'autres usages.

M. Cordier ne le considère pas, toutefois, comme ayant une résistance très-grande, au moins d'après ce qu'il a été à même d'observer en Algérie.

L'*E. leucoxylon* (F. Mueller) est désigné vulgairement, suivant les localités, sous les noms de *Box-wood*, *Mountain-ash*, *White-gum tree*, *spurious iron bark*, etc. Il donne un bois de couleur grise, facile à travailler, bien que d'un grain remarquablement dur et serré, d'une force et d'une ténacité très-grandes, et qui résiste parfaitement à un séjour prolongé sous l'eau ou en terre. Il s'emploie dans la carrosserie et convient surtout à la fabrication des roues d'engrenage pour les moulins. Il reçoit aussi de nombreuses applications dans la construction des navires, notamment pour faire d'excellents gournables. L'écorce peut être convertie en pâte pour papiers communs.

Cette espèce, de grande taille, croît dans les montagnes peu fertiles de la Nouvelle-Galles du Sud, de Victoria et de South-Australia; sa présence indique généralement un terrain aurifère.

L'*E. dealbata* (Cunningham), ou *Grey-box tree*, grand arbre des montagnes de Victoria, fournit un bois très-semblable au *Box-wood* (*E. leucoxylon*) et employé aux mêmes usages. Quand l'écorce est enlevée, il est presque impossible de les distinguer.

L'*E. sideroxilon* (Cunningham), ou *siderophloia* (F. Mueller), arbre très-droit et très-élevé des montagnes d'Australie, se rencontre généralement dans les sols quartzeux aurifères. Son écorce, très-rugueuse et épaisse, présente toujours de profondes fissures longitudinales, qui le rendent aisé à reconnaître. Cette écorce renferme de nombreux dépôts d'une substance résineuse particulière, qu'on extrait par distillation, sous forme de naphte végétal.

Le bois, l'un des plus durs du pays, en même temps que des plus élastiques, est d'une extrême solidité et résiste admirablement à l'action de l'eau ou de l'humidité: aussi l'emploie-t-on beaucoup dans la construction des ponts, jetées, digues, etc. La carrosserie l'utilise de diverses façons; il trouve d'ailleurs de nombreuses applications dans les arts industriels, et l'on s'en sert fréquemment pour les roues d'engrenage.

Cette espèce, généralement connue dans le pays sous le nom d'*Iron-bark*, offre trois variétés, la noire, la grise et la rouge, qui, toutes trois, préfèrent les terrains secs. Les sujets très-âgés sont quelquefois creux et cariés à l'intérieur.

M. Cordier l'a trouvée de croissance rapide : des sujets de cinq ans mesurent 40 centimètres de circonférence et 7 mètres de hauteur.

L'*E. viminalis* (La Billardière), très-commun dans les parties humides de la Tasmanie et de toute la région sud-australienne, s'élève généralement à la hauteur de 150 pieds et peut atteindre jusqu'à 300 pieds, avec un tronc de 5 à 6 pieds de diamètre. Son magnifique tronc à écorce blanche et lisse lui a valu parfois le nom de *White-gum;* mais il est plus généralement désigné sous celui de *Swamp-gum* (*swamp*, marais), à cause de sa prédilection marquée pour les terrains très-mouillés et presque marécageux [1]. C'est un arbre de plaine, qui vient mieux isolément que dans les forêts épaisses et qui résiste fort bien, paraît-il, au vent de la mer.

On en connaît une variété plus petite, le *Manna-gum tree*, très-commune dans les environs d'Hobart-Town, et qui convient mieux aux terrains secs. Elle doit son nom à une substance douce et sucrée, sorte de manne qu'excrètent en abondance au printemps les feuilles et les jeunes rameaux, à la suite de piqûres d'insectes ou de toute autre blessure légère.

[1] Cependant, MM. Cordier et Trottier disent l'avoir vu résister admirablement à la sécheresse en Algérie. Ces indications contradictoires sont évidemment produites, comme le fait remarquer M. Cordier, par la confusion de deux espèces.

L'*E. citriodora* (Hooker), espèce assez peu répandue, croît principalement sur les côtes orientales de l'Australie, dans la Nouvelle-Galles du Sud et le territoire nord de Queen's land. Elle est surtout remarquable par l'odeur agréable et pénétrante de son feuillage, qui lui a valu le nom de *Citron scented-gum* et qui est due à une huile volatile très-abondante, facile à obtenir par distillation. L'arbre, à écorce de couleur cendrée et lisse, atteint une hauteur de 50 à 80 pieds et donne un bois qui se travaille facilement.

« Malheureusement, nous écrit M. Cordier, l'*E. citriodora*, à en juger par nos essais de culture, est peu rustique; c'est une des espèces qui ne nous réussissent pas bien. Il fond facilement dans les semis. Mis à demeure, sa croissance est lente; cependant nous en voyons un spécimen dans nos plantations, âgé de six ans, et atteignant 8 mètres de hauteur sur 30 centimètres de circonférence. Cette espèce nous paraît préférer les terres sèches aux terres humides, où nous avons toujours échoué. Malgré qu'il soit donné comme fleurissant de bonne heure, nous ne l'avons pas encore u fleurir. » Tronc généralement très-droit, quelques-uns en buisson; écorce lisse, se détachant en été; feuilles oblongues, lancéolées, longues de 20 centimètres, larges de 4.

L'*E. melliodora* (Cunningham) est un arbre de taille moyenne, préférant les collines peu élevées et découvertes, particulièrement celles de formation miocène. Il est connu sous les divers noms vulgaires de *Box-tree*, *Yellow-box tree* et *Peppermint tree*. D'après les observations de M. Cordier, cette espèce paraîtrait craindre l'humidité.

L'*E. odorata* (Schl.) est aussi un des *Peppermint tree.* Il aime les terrains élevés, découverts et surtout de nature calcaire. Cette espèce craint peu la sécheresse: on la désigne comme une de celles à essayer de préférence dans le Sahara algérien; et, de fait, elle a bien réussi jusqu'ici en Algérie, dans des terres légères et sèches. Elle est inconnue en Tasmanie et ne se rencontre que sur le continent australien.

L'*E. longifolia* (Link), grand arbre d'un port magnifique, habite la Nouvelle-Galles du Sud et la partie orientale de Gipp's land (Victoria). Il paraît fournir un très-bon bois, résistant bien à l'humidité; on en a vu des poteaux rester près de vingt ans en terre sans s'y détériorer. Le charronnage et la carrosserie l'emploient pour les rayons de roues; c'est en outre un excellent bois de chauffage. Les fibres de son écorce donnent un assez bon papier à enveloppes. Cette espèce est signalée par M. Cordier comme végétant bien en terrain sec, où des sujets de deux ans atteignent 4 à 5 mètres de hauteur.

L'*E. hœmastoma* (Ferd. Mueller), ou *Spotted-gum*, croît parfaitement dans les terrains secs, où son tronc, bien droit, s'élève à 90 pieds de haut. Le bois, dur, solide, élastique, sert aux mêmes usages que celui de l'*Iron-bark* (*E. sideroxylon*), mais il est plus facile à travailler : on en fait des dents pour les roues d'engrenage; presque tous les manches de pioche, de hache, etc., sont faits avec ce bois. Les indigènes emploient en guise de torches les jeunes rameaux du *Spotted-gum*, qui brûlent avec une flamme brillante.

L'*E. Woollsii* (Ferd. Mueller) ou *Woollsiana*, grand arbre des parties les plus orientales de Gipp's-land (Victoria), où il est connu sous le nom vulgaire de *Woollybutt*, fournit un bois rougeâtre, dur, à grain serré, utilisé surtout pour faire des rayons de roues, comme celui de l'*Iron-bark* (*E. sideroxylon*), auquel il est un peu inférieur. On le débite facilement en lattes pour en faire des palissades.

L'*E. tereticornis* (Sm.), espèce très-ornementale, à croissance rapide et qui atteint d'assez grandes dimensions, est signalée dans plusieurs catalogues de bois australiens, comme se plaisant surtout dans les terrains humides et même marécageux. Cependant M. Cordier, qui a essayé cet arbre en Algérie, l'a vu résister très-bien à la sécheresse, et croit devoir en recommander la culture. « Son tronc, dit-il, s'élève droit, ce qui porte à penser qu'il sera propre à faire de belles charpentes;... il a aussi l'avantage de ne pas se déjeter et se déraciner comme le *globulus*, à la suite des grands vents qui règnent presque toujours après les pluies d'automne, ce qui le rend doublement recommandable. »

Cet arbre, qui se trouve dans le Queen's land, la Nouvelle-Galles du Sud et la colonie de Victoria, y est vulgairement connu sous les noms de *Redar* et de *Bleu-gum of Brisbane.* Il fournit un bois élastique et résistant, qui s'emploie dans la carrosserie.

Tronc à écorce unie, blanchâtre ou cendrée, se détachant en feuillets minces; feuilles oblongues lancéolées, d'un vert terne glaucescent, longues de 8 à 15 centimètres, larges de 4.

L'*E. persicifolia* (Lodd.), ou *Blackbutt*, est peut-être l'espèce qui subit le moins l'influence de l'air de la mer; il conserve presque toute sa taille sur les côtes exposées au vent, là où ses congénères, sous cette pernicieuse influence, ne sont plus que des arbrisseaux rabougris.

Dans les forêts de Gipp's land, où il est assez commun, on en rencontre de magnifiques sujets. Le bois, rouge, à grain net, est peut-être moins estimé qu'il ne le mérite; moins employé que beaucoup d'autres, il ne leur paraît cependant inférieur en aucune façon. Le feuillage du *Backbutt* fournit par la distillation une huile volatile, dont l'odeur assez agréable rappelle celle du vétiver.

L'*E. microcorys* (Ferd. Mueller), une des espèces connues vulgairement sous le nom de *Stringy-barks* (écorce fibreuse), est un arbre de haute futaie, qui croît de préférence sur les pentes des montagnes. Le bois, qui ne craint pas l'humidité et ne pourrit pas en terre, passe pour un médiocre combustible.

« La végétation de l'*E. microcorys*, dit M. Cordier, a été moyenne dans les bons terrains où nous l'avons placé. »

L'*E. resinifera* (Smit.) est encore une des nombreuses espèces désignées vulgairement par les colons australiens sous le nom de *Red-gum*. C'est un grand arbre à écorce persistante sur le tronc et plus ou moins caduque sur les branches ; on le trouve dans le Queen 's land et la Nouvelle-Galles du sud. (Benth., *Flora austral.*) D'après le catalogue australien de l'Exposition universelle de 1867, « sa charpente est durable et estimée ; 36 à 48 pouces de diamètre, 90 à 100 pieds de hauteur. »

« En 1868, dit M. Cordier[1], nous avons reçu en même temps des graines sous les noms d'*E. resinifera* et *red-gum;* les jeunes arbres en provenant ont végété avec une égale vigueur et nous donnent des graines abondamment; celles d'*E. red-gum* que nous avons remises à la Société d'agriculture, proviennent d'arbres dont les caractères diffèrent peu du *resinifera*: aussi, pour nous, ce n'est qu'une variété de celui-ci, quoique les fleurs et les fruits soient plus petits et que la floraison se fasse un mois plus tard que chez le *resinifera;* l'écorce du tronc et les feuilles ne présentent aucune différence sensible; mais notre *red-gum* pousse plus droit, a les branches qui s'étalent sur la longueur du tronc plus régulières; quant à sa croissance, elle est jusqu'à présent aussi rapide que celle des *E. globulus* avec lesquels nous les avons intercalés dans nos plantations; de plus, il a l'avantage sur celui-ci de mieux résister aux vents et à la sécheresse et de s'accommoder de toute espèce de terrains; nous ne vou-

[1] Nous devons entièrement à M. Cordier les renseignements que nous donnons sur cette espèce et les sept suivantes.

lons pas dire cependant qu'il végète également et qu'il pousse aussi rapidement dans un terrain que dans l'autre : car, si sa végétation est luxuriante dans les bons sols, elle est moindre dans ceux compacts ou par trop sablonneux. C'est du reste un des plus rustiques des nombreuses espèces d'eucalyptus que nous connaissons, ne craignant ni la sécheresse ni l'humidité.

« A quatre ans, 54 centimètres de circonférence à 1 mètre au-dessus du sol et 7 à 8 mètres de hauteur. Tronc à écorce striée finement, de couleur terreuse; rameaux rougeâtres retombants; feuilles oblongues, lancéolées, d'un vert terne, fermes, étroites, longues de 8 à 12 centimètres. »

L'*E. flooded-gum* (?) est un « arbre majestueux, habitant les terrains d'alluvion, sur le bord des rivières; son tronc est comme un pilier, sans branches jusqu'aux trois quarts de sa hauteur; son bois a une grande réputation de force et de légèreté; « quand il « est sec, il flotte; » on s'en sert beaucoup pour le bâtiment, pour différents usages, tels que les lattes, le parquetage, les planches à bateaux, etc.; des troncs sans nœuds ni défauts, ayant 7 pieds de diamètre et 70 à 80 pieds de hauteur, se trouvent souvent; quelques-uns de ces arbres fournissent 6 à 8,000 pieds de bois de charpente. » (Note du Catalogue australien, Exposition universelle, Paris, 1867.) « Si c'est bien l'espèce que nous possédons et dont nous avons reçu les graines de la maison Vilmorin, dit M. Cordier, voilà évidemment un des arbres dont l'introduction en

Algérie sera précieuse : car nous ne doutons pas que, placé dans les conditions de son habitat naturel, c'est-à-dire dans les terrains d'alluvion, près des sources ou sur le bord des cours d'eau, s'il ne se développe pas aussi rapidement que le *globulus*, il est du moins des plus rustiques et la multiplication en est facile.

« En 1868, nous avons obtenu, d'un demi-gramme de graines, plus de cent jeunes plants de belle venue ; malheureusement, nous ignorions alors les renseignements que nous donne la note ci-dessus, et nous les avons plantés dans diverses variétés de sols, à l'exception de celui qui lui convient réellement : malgré cela, si nous n'avons pas été satisfait de la végétation de ceux plantés dans des terrains légers et sablonneux, où ils sont restés à l'état d'arbustes et où néanmoins ils ont résisté à la sécheresse, il n'en a pas été de même de ceux placés dans de bons terrains, plus consistants, quoique non irrigués, la végétation de quelques-uns ayant approché de celle des *E. globulus* de bonne venue, plantés dans les mêmes conditions et à la même époque, mai 1869 : en mai dernier, c'est-à-dire à quatre ans, l'un des *flooded-gum* mesurait 62 centimètres de circonférence. Il est bon de dire que, quoiqu'étant plantés à 2 mètres, ils sont placés sur une ligne isolée qui permet aux racines de s'alimenter au loin.

« Nos jeunes arbres nous ayant donné des graines il y a deux ans, nous avons pu les multiplier, et remettre l'an dernier quelques plants à plusieurs personnes possédant des terres humides, afin de les essayer; mais nous n'en connaissons pas encore le résultat. Nous-même en avons planté dans un ancien marais qui s'est submergé cet hiver; les *globulus* et diverses autres espèces d'Eucalyptus sont morts à la suite de l'inondation; les *flooded-gum* seuls sont bien portants et végètent très-bien. Nous nous ferons un plaisir de remettre des graines aux personnes qui désireraient en tenter la culture[1].

« Tige droite, perdant ses rameaux inférieurs; écorce ne se détachant pas du tronc; feuilles alternes, oblongues, lancéolées, celles des rameaux un peu falciformes, d'un vert terne, pétiolées, fermes, longues de 15 à 20 centimètres et davantage, larges de 2 à 3; pétioles le plus souvent rougeâtres; glandes très-petites; capitule à pédoncule long de 1 centimètre, formé de 6 à 7 fleurs, non serrées, blanches, pédicellées; operculc conique, aigu, long de 6 à 8 millimètres, dépassant le rebord du fruit de 5 à 6 millimètres; celui-ci est conique, pédicellé, d'un vert foncé, large de 5 à 6 millimètres, long de 6 à 7, à rebord saillant, lisse, luisant, s'ouvrant par une fente à 4 fides.

« L'E. *pendulosa* est remarquable par sa croissance exceptionnellement rapide, car il ne le cède en rien à celle du *globulus* lorsqu'il se trouve placé dans des conditions qui lui conviennent. Quelques-uns de ceux que nous avons dans notre plantation expérimentale en

[1] Il serait très-désirable de savoir quelle est réellement l'espèce qui nous est venue sous ce nom vulgaire de *flooded-gum*, lequel est employé indifféremment par les colons australiens pour désigner un assez grand nombre d'espèces différentes, et notamment les *E. coriacea*, *decipiens*, *botryoïdes*, etc.

terre sèche, quoique ayant végété extraordinairement pendant quatre ans, ont un peu souffert du siroco; et l'un d'eux, que nous avons fait abattre, mesurait à quatre ans 10 mètres de hauteur, élévation que n'atteignaient pas les *globulus* ses voisins de même âge. Deux de ces arbres, frères de ceux ci-dessus, plantés par M. Lambert, à Baïhnen, près d'une source, ont actuellement (c'est-à-dire à cinq ans) 64 centimètres de circonférence et environ 12 mètres de hauteur.

« Tronc assez droit, écorce grisâtre substriée, se détachant par écailles; rameaux rougeâtres, feuilles presque toutes opposées; celles des jeunes rameaux presque embrassantes, oblongues, lancéolées, les autres ayant un pétiole court, beaucoup plus allongées et légèrement falciformes, longues de 10 à 12 centimètres, larges de 1, nervure médiane très-prononcée.

« Fleurs en mars, blanches, peu nombreuses, ordinairement en groupe de neuf seulement, portées par un pédoncule commun, long de 5 millimètres, inséré à l'aisselle des feuilles. »

L'*E. tetraptera* (Turez), « très-belle espèce, dépassant rarement dix pieds (Benth., *Fl. aust.*), est donc un arbuste plutôt qu'un arbre, et le seul spécimen que nous en ayons a atteint toute sa hauteur en quelques années; mais son feuillage particulièrement remarquable et ses belles et grosses fleurs rouges le rendent propre à l'ornement des bosquets et des jardins paysagers.

« Tronc grêle, non très-droit, écorce d'un gris cendré nuancé de verdâtre, ne se séparant pas du tronc; rameaux peu nombreux; feuilles alternes, épaisses, coriaces, d'un vert foncé, oblongues, lancéolées, longues de 11 à 12 centimètres, larges de 2 et demi, pétiole large comprimé; fleurs en février et mars, solitaires à l'aisselle des feuilles, rouges, très-grandes; opercule lisse, quadrangulaire, terminé en pointe; étamines à filet raide; style cylindrique, ne dépassant pas le rebord du fruit, qui est quadrangulaire, lisse, long de 4 centimètres, large de 2 et demi, s'ouvrant pour l'émission des graines par une ouverture à quatre divisions; nous n'en avons récolté jusqu'à présent aucune graine fertile. » (Cordier.)

L'*E. cinerea* (Ferd. Mueller), arbre de moyenne dimension, qui nous vient de la Nouvelle-Galles du Sud, n'a rien de remarquable : il est plutôt laid que beau, et de croissance lente; mais il donne un beau bois d'un grain serré, qui paraît propre à être employé en ébénisterie; à onze ans, 44 centimètres de circonférence, 6 à 7 mètres de hauteur. Tronc généralement peu droit, à écorce brune, persistante, ayant un peu d'analogie avec celle du chêne-liége; feuillage plus ou moins glauque, feuilles opposées, conservant la forme de celles de son jeune âge; fleurs en juillet. (Cordier.)

L'*E. maculata*, quoique d'une croissance moins rapide que certaines autres espèces, est encore un arbre appelé à prendre place dans nos cultures forestières, d'autant plus qu'il résiste bien à la sécheresse. « Dans nos plantations, sa croissance a été moindre dans les terrains conservant l'humidité que dans les terres sèches.

Il s'élève sur un tronc droit; ses branches régulières et son feuillage d'un beau vert sombre, luisant, lui donnent un bel aspect et le classent parmi les arbres d'ornement. Fleurs nombreuses en novembre. » (Cordier.)

L'*E. polyanthemos* (Schau.) est un arbre de petite taille, mais atteignant parfois 40 à 50 pieds; il vient dans le nord de l'Australie, dans le Queen's land, la Nouvelle-Galles du Sud et Victoria : c'est le *populnea* de Mueller ou *populifolia* de Hook. (Bentham.)

« La croissance des quelques spécimens que nous avons ne laisse rien à désirer pour ceux placés dans les terrains fertiles, quoique non arrosés; là, il a atteint, à sa quatrième année, 43 centimètres de circonférence sur 7 mètres de hauteur; dans les terrains de moindre qualité, sa croissance a été plus lente.

« Tronc de couleur verte, rameaux très-nombreux, dont l'écorce est verdâtre, à l'exception de leur extrémité, où elle est rougeâtre.

« Son feuillage ne subit pas de transformation comme la plupart des autres espèces d'Eucalyptus, ce qui le rend plus ombreux; feuilles pétiolées, généralement alternes, d'un vert glaucescent, subarrondies, subonduleuses, terminées en pointe, ce qui donne à l'arbre un peu l'aspect du peuplier ou du tremble: c'est évidemment ce qui lui a fait donner le nom de *populnea*, par Mueller, et de *populifolia*, par Hooker.

« Fleurs blanches, nombreuses, petites, réunies en forme de capitule ou petite tête arrondie, portée par un pédoncule grêle, long d'un centimètre; opercule conique, en cloche; étamines de longueur inégale, disposées sur un seul rang; anthères déjetées en arrière, devenant faiblement lilacées en vieillissant.

« N'ayant aucune notion sur l'usage des bois de cette espèce d'Eucalyptus, nous le recommanderons seulement par sa forme toute particulière et l'ombrage qu'il donne : nous avons récolté, cette année 1874, quelques graines qui sont fertiles. » (Cordier.)

L'*E. occidentalis,* espèce du sud-ouest de l'Australie, est très-rustique et de multiplication facile par les graines qu'il donne dès la seconde ou troisième année de plantation, mais il est de croissance moyenne (à huit ans, 50 centimètres de circonférence, sur 7 à 8 mètres de hauteur); il résiste bien à la sécheresse, au siroco, qualité qui doit lui faire réserver une place dans nos boisements. D'après Bentham, il aimerait beaucoup les dépôts alluviens et ne viendrait jamais sur le bord de la mer.

« Quoique l'introduction de cette espèce dans nos cultures remonte à huit ans, dans l'ignorance des indications ci-dessus, nous n'en avons jusqu'à présent placé aucun dans des terrains d'alluvion : c'est probablement à cette cause qu'est due leur végétation plus lente que celle de certaines autres espèces.

« Tronc peu droit, à écorce persistante, rugueuse, striée longitudinalement; rameau rougeâtre chez les jeunes sujets; feuilles lancéolées, allongées, pétiolées, retombantes, larges de 2 à 3 centimètres, longues de 10; fleurs en octobre et novembre, d'un blanc sale, au nombre de 3 à 6, pédicellées, réunies en capitule pédonculé ; style dépassant le rebord du fruit; opercule conique, allongé, long de 1 millimètre et demi.

« Fruit conique, rugueux, pourvu d'une sorte de bourrelet, long de 1 centimètre, large de 5 à 6 millimètres, à quatre loges s'ouvrant par une ouverture quadrifide, rugueux, pédicellé. » (Cordier.)

En Australie, cet arbre atteint généralement de 100 à 120 pieds de hauteur.

Les *E. coriacea* et *Gunnii* (J. Hook), sont deux espèces particulièrement intéressantes à cause de leur rusticité et de leur peu de sensibilité au froid. On les rencontre jusqu'à des hauteurs de 5,000 pieds au-dessus du niveau de la mer en Tasmanie et dans les montagnes de Victoria, où les neiges persistent presque toute l'année à 6,000 pieds environ. A de pareilles altitudes, ils se ressentent de la rigueur du climat et ne sont plus que des arbrisseaux rabougris formant d'immenses halliers très-touffus; mais plus on descend, plus leur taille s'élève, et, dans les vallées basses, ils deviennent de grands et beaux arbres; à partir de 4,000 pieds d'altitude, ils acquièrent tout leur développement.

Ce sont surtout ces deux espèces dont l'introduction présente le plus de chances de réussite dans le centre de l'Europe et les autres parties de la zone tempérée, car elles résistent bien aux vicissitudes du climat, M. Ramel a vu un jeune *E. coriacea* supporter parfaitement le froid d'un hiver parisien dans un terrain élevé, exposé au nord et près de la Seine.

L'*E. Gunnii* est l'espèce la plus commune dans les

forêts qui couvrent presque toutes les montagnes du territoire de Victoria ; sa croissance y est assez rapide, et il fournit quelquefois de très-beaux sujets, d'une hauteur de 200 pieds. Il réussit moins bien dans les plaines humides : ses dimensions y dépassent rarement celles d'un arbre ordinaire. En Tasmanie, comme sur le continent australien, on le désigne généralement sous le nom de *Mountain-White-gum-tree.*

L'*E. oleosa* ou *Mallee-tree* est un arbrisseau dont la taille dépasse rarement 12 pieds de haut [1] ; mais il est ordinairement ramifié dès la base, et il forme, avec les *E. dumosa* (Cunn.) et *socialis* (Ferd. Mueller), ces fourrés impénétrables, connus sous le nom de *Mallee-scrub*, qui couvrent des espaces immenses en Australie. Il végète sur les plus mauvais terrains, et résiste fort bien à la sécheresse et à la poussière dans le grand désert de Murray. Cet Eucalyptus émet presque à la surface du sol des racines horizontales, qui renferment une eau très-pure et très-saine ; il suffit pour se la procurer de couper ces racines par tronçons et de les laisser égoutter. C'est une ressource que les naturels mettent fréquemment à profit.

Cette espèce justifie son nom d'*oleosa* par la quantité considérable d'huile essentielle que renferment ses feuilles. Une des villes qui se sont élevées comme par enchantement dans les districts aurifères de l'Austra-

[1] Toutefois M. Cordier a reçu sous le nom d'*E. oleosa* une espèce qui paraît ne pas être le *Mallee-tree*, car elle atteint en cinq ou six ans de 7 à 8 mètres de hauteur.

lie, fut longtemps éclairée avec du gaz extrait de cette essence. En été, les feuilles et les jeunes rameaux de l'*E. oleosa* se couvrent d'une substance saccharine, parfois si abondante qu'elle ressemble à du givre. C'est le produit d'une sécrétion, ou plutôt d'une excrétion, déterminée par les piqûres de myriades de larves d'un insecte hémiptère de la famille des Psylles.

L'*E. calophylla* (R. Br.) est une espèce très-ornementale, par ses feuilles persistantes, larges et coriaces, ressemblant à celles d'un *Ficus*. « Donnant beaucoup plus d'ombre que les autres, dit la *Flora Australiensis* (Bentham), il est digne de figurer le long de nos voies publiques. »

Cette espèce végète vigoureusement et résiste fort bien à la sécheresse. Néanmoins, d'après M. Cordier, on se trouverait mieux de faire les semis à l'automne qu'au printemps, car les jeunes plants supportent dif-difficilement l'été en pots. « Nous considérons cette espèce, dit-il, comme peu propre à entrer dans nos boisements; mais elle est à essayer comme arbre d'avenue. »

Arbre de moyenne grandeur; écorce du tronc gercée, se fendillant et se détachant en haut; feuilles oblongues, un peu luisantes en dessus, longues de 12 à 14 centim., larges de 5 centim.; fleurs blanches.

Les *E. acervula* (Sieber), *megacarpa*, *gomphocephala*, vulgairement le *tuart*, toutes espèces de l'Australie méridionale, ont une croissance assez rapide et sont surtout des végétaux d'ornement. On peut en dire autant de l'*E. corynocalyx*, qui s'arrondit en boule et diffère par là sensiblement de toutes les autres espèces.

« C'est, dit M. Cordier, un arbuste qui s'étale et se ramifie beaucoup, et pousse en buisson, dans le genre de nos lentisques; quoiqu'il résiste bien à la sécheresse, il est peu propre à entrer dans nos boisements; sa place est dans les jardins paysagers, qu'il ornera par sa forme et son feuillage particulier. »

Tronc à écorce blanche; rameaux rouges; feuilles oblongues, puis allongées, lancéolées, longues de 6 à 8 centim., larges de 3 à 4, d'un beau vert luisant, surtout à l'extrémité des rameaux; fleurs blanches[1].

En Europe, les Eucalyptus ne sont généralement désignés que sous leurs noms scientifiques, le plus sûr moyen de ne point confondre une espèce avec une autre; mais il n'en est pas de même en Australie, où presque tous ont reçu des noms vulgaires, qui non-seulement varient beaucoup, mais qui parfois en outre, suivant les localités, servent à désigner des espèces très-différentes.

Ainsi, d'après M. Bentham, dans sa Flore austra-

1. En passant ici en revue les principales espèces du genre *Eucalyptus*, nous avons dû nécessairement laisser de côté leur description botanique, qui nous eût entraîné beaucoup trop loin, et nous borner à donner simplement tous les renseignements d'utilité pratique que nous avons pu recueillir sur leur compte. Qu'il nous suffise de rappeler que les caractères spécifiques de ces végétaux se trouvent décrits dans plusieurs ouvrages de science pure, notamment, la belle Flore australienne tout récemment publiée par le président de la Société linnéenne de Londres, avec la collaboration de M. Ferd. Mueller (Bentham et Mueller, *Flora australiensis*, vol. III, p. 185-261). On peut également consulter l'excellent travail sur les végétaux d'Australie que nous avons déjà plusieurs fois cité : *Fragmenta Phytographiæ Australiæ* (Ferd. Mueller).

lienne, les colons, suivant les contrées, désignent indistinctement sous les noms de *red-gum*, gommier rouge, les *E. amydalina*, *melliodora*, *odorata*, *rostrata*, *tereticornis*, *resinifera*, *Stuartiana* et *calophylla*, qui sont des espèces bien distinctes les unes des autres et qu'il est impossible de confondre quand on les a vues une fois en végétation et en fleur : « aussi, dit encore « M. Bentham, la qualité du bois de ces diverses espèces « étant de nature toute différente, il en résulte souvent, « pour les acheteurs de ces bois, des erreurs regret- « tables. » Le même inconvénient s'est produit quelquefois lors d'importations de graines d'Eucalyptus, et de semblables erreurs peuvent avoir de très-regrettables conséquences lorsqu'il s'agit de tentatives d'acclimatation : aussi avons-nous pensé qu'il ne serait pas inutile de dresser la liste alphabétique ci-après des noms des Eucalyptus les plus répandus, en donnant en regard les noms scientifiques auxquels ils s'appliquent :

Apple-tree (pommier ?).........	E. Stuartiana.
Blackbox-tree (buis noir)......	E. microtheca.
Blackbutt-tree (tronc noir)......	E. persicifolia.
Bloodwood (bois-sang).........	E. corymbosa. E. marginata.
Blue-gum-tree (gommier bleu)..	E. globulus (en Tasmanie). E. megacarpa (Victoria). E. tereticornis (Queen's land).
Box-tree.....................	E. melliodora.
Box-Wood-tree (bois de buis)...	E. leucoxylon.
Dandenong-bastard-peppermint.	E. amygdalina.
Grey-box-tree (buis gris).......	E. dealbata.
Iron-bark (écorce de fer)......	E. sideroxylon. E. leucoxylon (Nouvelle-Galles du Sud).

Karri Eucalypte .... E. colossea.
Mallee-tree, Mallee-scrub .... E. oleosa.
Manna-gum (gommier à manne). E. viminalis.
Messmate .... E. fissilis.
Mountain-ash (frêne des montagnes) .... E. inophloia. E. leucoxylon (dans quelques parties de la Nouvelle-Galles du Sud).
Mountain-White-gum (gommier blanc des montagnes) .... E. Gunnii.
Peppermint-tree (menthe poiv.). E. amygdalina, melliodora et odorata.
Redar .... E. tereticornis.
Red-gum (gommier rouge) .... E. rostrata, tereticornis, amygdalina, odorata, melliodora, resinifera, Stuartiana et calophylla.
Scrub-gum .... E. dumosa.
Spotted-gum (gommier tacheté). E. hœmastoma et goniocalyx.
Spurious (faux) *Iron-bark* ...... E. leucoxylon.
Stringy-bark-tree (écorce fibreuse) .... E. gigantea, obliqua et microcorys.
Swamp-gum (gommier des marais) .... E. viminalis.
Tasmanian-peppermint-tree ..... E. amygdalina.
Tuart .... E. gomphocephala.
White-gum (gommier blanc) ... E. goniocalyx, leucoxylon, Stuartiana (Nouvelle-Galles du Sud) et viminalis (Tasmanie).
Woollybutt (tronc laineux) ..... E. Woolsii et longifolia.
Yellow-box-tree (buis jaune) .... E. melliodora.

CULTURE

RÉSULTATS DÉJA OBTENUS.

Si l'on se rappelle que la Tasmanie est traversée par le 42e degré de latitude, comme la Corse; que les chaleurs, toujours tempérées, ne s'y prolongent pas assez pour que l'olivier y soit cultivé avec profit, et qu'enfin les hivers y ont une certaine rudesse, on se rendra aisément compte de la facilité avec laquelle s'accommodent du climat de tout le bassin de la Méditerranée les Eucalyptus en général, et plus spécialement l'*E. globulus*. Se développant dans les terres humides et fertiles avec cette vigueur prodigieuse qu'on lui connaît, cet arbre brave jusqu'à un certain point la sécheresse et doit peu s'inquiéter de l'altitude, puisqu'on le voit croître en Australie depuis le bord de la mer jusqu'aux cimes élevées de montagnes couvertes de neige en hiver. De là cette rapidité avec laquelle il s'est répandu dans nos départements méridionaux ainsi qu'en Algérie, où le manque d'eau n'est pas toujours un obstacle à son développement, puisque « l'on voit de jeunes plants venir à merveille sur des terrains déclives, et par cela même naturellement secs. » (M. Hardy.) M. Cordier, que nous aimons toujours à citer, a obtenu « une végétation passablement rapide dans un sol sablonneux et naturellement sec. »

Néanmoins, d'après M. Hardy, « pour que les Eucalyptus (globulus) *se développent bien*, il leur faut une bonne terre dans l'acception du mot, c'est-à-dire profonde, perméable, ni légère ni compacte, et qui conserve néanmoins une certaine fraîcheur. Les terrains arides, graveleux, maigres, secs, ne leur conviennent pas, à moins qu'on ne puisse les améliorer par des amendements, des engrais et d'abondantes irrigations pendant l'été. Les terrains humides et tenaces leur sont manifestement contraires. »

« L'*Eucalyptus* n'est pas délicat, dit de son côté M. Rivière (*Catalogue du jardin du Hamma*); cependant il aime une terre profonde et fraîche : c'est une erreur, dont on voit plus tard les fâcheux effets, de le planter dans d'autres conditions. »

En ce qui concerne la résistance au froid, l'Eucalyptus est, comme tous les végétaux, beaucoup plus délicat dans son jeune âge que lorsqu'il a atteint un certain développement. Un froid assez vif (5 à 6°—0), mais de courte durée, semble lui être moins préjudiciable qu'un abaissement de température moindre, mais prolongé, et plus il a végété durant un été long et chaud, mieux il supporte les oscillations du thermomètre pendant l'hiver suivant[1]. Ainsi, dans l'extrême

1 Il ne fait, d'ailleurs, en cela qu'obéir à la loi commune, car la force de résistance des végétaux aux extrêmes de la température est très-généralement en raison inverse de la quantité d'eau qu'ils con-

midi de la France, dans le Var, par exemple, où il se développe avec toute sa vigueur, un froid de 7 degrés n'amène pour lui aucune conséquence fâcheuse, tandis qu'il ne résiste guère à une température inférieure à 6 degrés dans la Gironde, où sa végétation est moins énergique. A Bordeaux, de jeunes sujets, disposés en massifs, où ils s'abritent mutuellement, résistent bien aux hivers doux; mais les sujets isolés doivent être rentrés en serre froide, ainsi que l'a constaté M. Durieu de Maisonneuve, directeur du jardin des plantes de la ville. Dans les vallées peu abritées des Pyrénées-Orientales, « 5 à 6 degrés de froid, d'après M. Naudin, les maltraitent gravement, » tandis que, dans sa propriété de Lamalgue (près Toulon), M. le baron Jules Cloquet les a vus supporter parfaitement 8 degrés au-dessous de 0. D'après cela, on voit que des observations seraient encore nécessaires pour déterminer d'une manière positive le degré de froid auquel peut résister l'Eucalyptus. Suivant M. Naudin, cet arbre aurait « presque le même tempéramment que l'oranger et gèlerait à 7 degrés au-dessous de 0. » Mais, en raison des causes multiples qui peuvent influencer sur

tiennent. C'est ainsi que les gelées d'automne sont moins nuisibles que celles du printemps, parce qu'à l'arrière-saison les parties vertes des plantes sont moins aqueuses. C'est également ainsi qu'un hiver rigoureux est moins redoutable après un été long et chaud qu'après un été pluvieux, parce que les arbres sont, comme on dit, mieux *aoûtés* et contiennent moins d'eau.

D'autres faits peuvent encore être cités à l'appui de ce principe. Dans les forêts, ce sont surtout les bas-fonds, mieux abrités mais plus humides, qui gèlent, et non les sommets, qui sont plus secs. Même en Algérie, les végétaux supportent moins bien les intempéries hivernales dans les localités fortement irriguées que dans les endroits secs, parce que leurs tissus sont trop pleins de sucs aqueux.

la rusticité du végétal et de l'importance capitale de cette question, on ne saurait mettre trop de prudence à se prononcer, et surtout à se garder des jugements prématurés. Nous reviendrons sur ce point délicat en passant en revue les tentatives d'acclimatation faites dans nos départements de l'Ouest et du Midi.

La multiplication des Eucalyptus ne peut se faire que par le moyen des semis. Quant au mode de culture, dit M. Mueller, « il dépend beaucoup du capital ainsi que du terrain dont on dispose ; » inutile d'ajouter : et surtout de la latitude sous laquelle on opère. Il n'est possible de propager un végétal loin de son habitat naturel qu'en subordonnant les soins de culture aux conditions climatologiques dans lesquelles il se trouve placé ; et l'*Eucalyptus*, malgré sa vigueur et sa rusticité exceptionnelles, ne saurait échapper à la loi commune. L'opération délicate des semis, celle des repiquages, etc., ne peuvent évidemment se faire partout de même ; elles varient forcément avec les localités, et ce ne serait pas sans inconvénient que l'on résumerait en quelques lignes toutes les observations pratiques déjà recueillies sur ces importantes questions. On s'exposerait soit à négliger certains détails qui ont leur valeur, soit à généraliser des pratiques qui doivent rester toutes locales. Cette considération nous a engagé à ne grouper ici que les renseignements les plus généraux ; ceux spéciaux à telle ou telle localité trouveront mieux leur place quand nous nous occuperons de la situation actuelle de l'acclimatation des *Eucalyptus* dans ces mêmes localités.

Parlons d'abord des semis.

Choix de la graine. — Comme pour toute espèce de semis, le choix de la graine est d'une extrême importance ; on doit s'enquérir avec soin de sa provenance, et n'employer que celle d'origine sûre. Des erreurs assez fréquentes ont lieu dans les envois, comme l'a signalé M. Malingre, qui a vu, en Espagne, des semis faits avec de la graine vendue pour celle de l'*Eucalyptus globulus*, donner des espèces très-différentes et souvent inférieures ou plus délicates. En outre, la qualité de la semence dépend beaucoup du choix du porte-graine : celle récoltée sur des arbres peu vigoureux et mal portants produit des sujets qui restent toujours chétifs et rabougris. On peut en dire autant de la graine à maturité incomplète, qui lève, mais donne un plant maladif et qui ne tarde pas à périr. Dans ce cas, l'inconvénient est moindre toutefois que lorsqu'il s'agit de graines prises sur des arbres défectueux : car, lorsqu'on voit un sujet jaunir, on peut le remplacer immédiatement, tandis qu'il faut attendre plusieurs années pour pouvoir reconnaître les sujets issus d'une mauvaise variété.

Il importe qu'avant leur emballage pour être envoyées au loin, les graines soient nettoyées et séchées avec soin. Lorsqu'il s'agit d'une longue traversée, comme celle d'Australie en Europe, des précautions sont nécessaires pour les protéger contre l'humidité : outre l'emballage dans une caisse de fer-blanc, ordinairement employé pour les envois par mer, il est bon de les placer dans une seconde caisse contenant du poussier de charbon de bois. Ce poussier forme une excellente couche isolante, qui empêche l'humidité d'arriver jusqu'à elles, tout en les maintenant à une température sensiblement égale [1].

Bien que la colonie de Victoria renferme des forêts presque uniquement composées d'*Eucalyptus globulus*, il est peut-être moins facile de s'y procurer de la graine qu'en Tasmanie, où les nombreuses scieries établies dans l'intérieur des terres pour l'exploitation de ces arbres favorisent la récolte des semences. Du reste, la plupart des *Eucalyptus*, et l'*E. globulus* en particulier, fructifient d'assez bonne heure ; et l'Algérie, ainsi que nos départements du Midi, possédant déjà de nombreux sujets aptes à fournir de bonne graine, il y a lieu d'espérer que, dans peu d'années, nous pourrons nous dispenser de recourir à l'importation australienne.

Le prix des différentes espèces de graines de l'*Eucalyptus* varie considérablement selon le plus ou moins de facilité avec laquelle on les recueille. « Ainsi, dit M. Mueller, le prix de quelques espèces peut être évalué à 15 schillings (environ 20 francs) la livre, tandis que d'autres espèces coûtent environ 3 livres sterling (75 francs) la livre. » Ces prix sont certainement assez élevés ; mais ils ne peuvent que tendre à diminuer, grâce aux récoltes faites sur les arbres déjà

[1] Cette excellente précaution a été indiquée par M. le directeur du jardin botanique de Melbourne, lors de l'achat important de graines d'*Eucalyptus*, dont il voulut bien se charger pour le compte de la Société d'acclimatation, en 1864. Depuis longtemps déjà, en effet, cette Société s'occupe très-activement de propager dans nos départements du Midi et dans nos colonies les plus intéressantes espèces du genre *Eucalyptus*. De nombreuses distributions de graines sont généreusement faites par elle jusque dans les pays étrangers, et elle s'efforce, par ses publications, de faire connaître les nombreux avantages que présente la culture de ces arbres.

en état de fructifier chez nous. Ajoutons que la graine est excessivement fine et légère (elle est noire et ressemble beaucoup à de la graine d'oignon) et qu'il en suffit de deux à trois cents grammes pour obtenir plusieurs milliers d'arbres.

Tenues au sec, les graines d'*Eucalyptus* paraissent conserver longtemps leur faculté germinative. M. Malingre en a vu qui, restées oubliées six ans au fond d'un tiroir, ont néanmoins germé à raison de 60 pour 100 et donné un plant très vigoureux. Ceci permet, lorsqu'on trouve une occasion de faire venir de la graine de bonne qualité, d'en profiter largement, puisque la semence, non employée immédiatement, sera encore bonne les années suivantes.

Semis. — La semence de l'*Eucalyptus* étant d'un très-petit volume, les jeunes plantes qui en proviennent sont frêles: elles ont besoin d'abri, de protection, de soins spéciaux, pour franchir le premier âge. Cet arbre, si rustique lorsqu'il a pris un certain développement, est assez délicat dans sa jeunesse. Aussi le meilleur mode pour réussir une culture en grand, un boisement, par exemple, est-il de semer en terrines. La graine lève généralement en huit ou douze jours. Toutefois la durée de l'évolution germinative est subordonnée à la température ainsi qu'à l'époque des semis, et il y a peu d'avantage à semer de très-bonne heure: car, dans ce cas, la levée de la graine se fait attendre quelquefois huit ou dix jours de plus, et la semence peut être exposée à pourrir.

Dans tous les cas, les graines doivent être très-légèrement recouvertes de terre, en raison de leur ténuité, et il est bon de les arroser avec une certaine précaution, pour éviter de les mettre à découvert.

Au sortir de terre, le plant présente une tigelle fine, de couleur rougeâtre, et deux feuilles cotylédonaires d'un beau vert, échancrées vers le milieu : son aspect rappelle alors assez volontiers de tout jeunes radis. Pendant que la tigelle se développe, il se forme un pivot très-prononcé avec un chevelu abondant, et les feuilles primordiales apparaissent dans la première quinzaine de la levée. Un mois après, les deuxièmes feuilles se montrent.

Lorsque le plant a 8 ou 10 centimètres de hauteur, les jeunes sujets sont mis en pots isolément et avec soin, car ils ne supportent pas la transplantation à racines nues. Plus tard, on procède à leur mise en place à demeure, opération qui ne doit pas se faire trop attendre : car les racines des jeunes Eucalyptus mis en pots se contournent dans le vase, et, plus tard, en pleine terre, elles continuent à croître en forme de spirale au lieu de s'étendre latéralement. L'arbre ne trouve plus dès lors un point d'appui suffisant et se laisse très-facilement déraciner par le vent.

« La terre qui nous a paru la meilleure (pour les semis), dit M. Cordier, est un mélange de terre prise sous les vieilles touffes de lentisques, qui contient une certaine quantité d'humus provenant de la décomposition des feuilles, un quart de sable fin et un quart de bonne terre de jardin. Ce mélange doit être passé au crible ; on en remplit les caisses, terrines ou pots, qu'on a drainés préalablement en mettant au fond une couche de 2 à 3 centimètres de gros sable, en ayant soin de tasser légèrement la terre, qui ne doit être ni trop sèche ni trop humide. Les graines semées, on les recouvrira d'une légère couche de terre d'un quart de centimètre environ, qu'on tassera de nouveau. On placera les semis au sud-est, à l'abri du nord-ouest, et on entretiendra par de légers arrosages une humidité suffisante... »

Quand faut-il semer? L'expérience semble démontrer que les époques les plus favorables sont les mois de février et mars, ou bien ceux de septembre et d'octobre. Pour l'Algérie, M. Trottier, si compétent en cette matière, est d'avis que les semis d'automne doivent être préférés. « Un mois après la levée des graines, dit-il [1], on peut mettre en pot les petites plantes; il ne reste plus qu'à entretenir la terre humide par des arrosages, si le temps est sec. La température, très-douce alors, permet aux jeunes arbres de se fortifier avant les froids de l'hiver, et, en février et mars, ils se trouvent dans les meilleures conditions pour être mis en place.

« On peut encore semer en mars ou avril pour planter à l'automne après les premières pluies; mais il faut alors arroser les plantes en pots tout l'été, et, si l'on néglige de le faire, on peut tout perdre. Choisissant cette époque, on conçoit facilement quelle augmentation de frais et d'embarras il en résultera. »

En opérant dans des terrains très-secs, il y aurait peut-être lieu cependant de ne point perdre de vue

[1] *Notes sur l'Eucalyptus*, 2e édit., Alger.

l'influence fâcheuse que peut exercer sur de jeunes plantations la sécheresse prolongée de l'été. M. le professeur Gastinel-bey, qui s'occupe avec tant de zèle de la culture de l'Eucalyptus en Égypte, dit qu'il est bon d'arroser les jeunes plants « au moins tous les quinze jours pendant la première année [1] » ; mais c'est là un soin qu'il est souvent impossible de leur donner. Aussi M. Lissignol, secrétaire de la Société d'acclimatation de Victoria, conseille-t-il de ne transplanter les jeunes arbres qu'après les chaleurs de l'été. Tel est également l'avis de M. le docteur Mueller : « Les graines de beaucoup d'espèces étant petites, il convient, dit-il, de les semer sur couches et de transplanter les jeunes sujets à l'entrée de la saison froide et des temps pluvieux [2]. »

En Algérie, M. Rivière conseille les semis d'automne (septembre et octobre). « La germination, dit-il, a lieu sans difficulté. Quand le jeune plant a 0m, 10 environ de hauteur, on lui supprime presque tout à fait les

[1] *Les Eucalyptus* (*Égypte agricole*, juillet 1870).

[2] Si l'on disposait d'une quantité suffisante de graine à bas prix, on pourrait peut-être suivre une méthode qui est également conseillée par M. Lissignol, savoir : labourer tout l'espace de terrain que l'on se propose de mettre en culture et l'ensemencer à la volée, en ayant soin plus tard d'éclaircir les plants lorsqu'ils se montrent trop serrés. En pratiquant cette opération avec soin, on peut utiliser les sujets supprimés pour garnir les endroits où la graine n'a point parfaitement réussi ; on a bien ainsi quelques pieds à replanter, mais du moins on évite un repiquage général. Notons toutefois que les semis en place, qu'on a quelquefois préconisés, et qui peuvent offrir effectivement certains avantages, ne semblent pouvoir être employés que rarement chez nous. Sauf quelques exceptions pour les terrains légers, M. Cordier les considère comme ayant peu de chance de réussite.

arrosements afin de le durcir, et on se borne dès lors à le bassiner une fois par jour. Une fois durci, il est repiqué en novembre ou décembre, pied par pied, dans des godets, où on le laisse atteindre 15 centimètres de hauteur. Cette opération, préparée comme elle l'a été, réussit à tel point, que les jeunes pieds qu'on perd alors ne dépassent pas 2 ou 3 pour 1,000. »

« Pour les semis faits au printemps (mars et avril), les jeunes plants, dit M. Cordier, ne peuvent être mis à demeure que lors des premières pluies de l'automne, ou au printemps suivant, c'est-à-dire huit ou douze mois après la levée : il est donc nécessaire de les mettre en pots, où ils végètent jusqu'à l'époque de la plantation, en les entretenant, dans la saison de l'été, par des arrosages journaliers. La mise en pots se fait lorsque les jeunes semis ont de 2 à 4 feuilles au-dessus des cotylédons : il est bon d'enterrer les pots afin qu'ils se dessèchent moins.

« Pour les semis faits à l'automne (septembre et octobre), les jeunes plants atteignent au printemps de 10 à 20 centimètres, et sont dans de bonnes conditions pour être mis à demeure, soit qu'on les ait repiqués en pots, ou qu'on les ait laissés végéter dans les terrines. Nous employons indistinctement les deux modes, dont nous nous trouvons bien. Les terrines et pots destinés à être plantés directement à demeure sont éclaircis en éliminant les moins vigoureux, de façon à ce qu'il n'en reste pas plus de 50 à 60 par terrines, 15 à 25 par pots. Ce mode d'opérer est le moins dispendieux, surtout lorsqu'il s'agit de faire des plantations dans les lieux éloignés de la pépinière, qui, faites en temps convenable, réussissent généralement bien [1].

Plantation. — « La prompte croissance des Eucalyptus, dit M. Hardy, permet de les planter à demeure, étant encore très-petits, dans des endroits où d'habitude on ne plante que des sujets d'un grand développement parmi les espèces les plus ordinaires. » « On peut les mettre en place avant qu'ils aient atteint un pied de hauteur », dit M. Lissignol, dont l'avis est corroboré par celui de M. Trottier. « Il ne faut pas croire, dit celui-ci, que des plantes déjà fortes, hautes d'un mètre environ, soient à préférer pour les plantations..... Les racines sont déjà fortes, ont généralement plus d'un an en pot; tandis que ceux semés en octobre y sont restés à peine les quatre mois d'hiver, pendant lesquels la végétation a moins d'activité. Aussi, selon nous, les *Eucalyptus* de 0m,15 à 0m,20 de hauteur sont les meilleurs; leurs branches latérales naissent à peine à chaque aisselle des feuilles; lorsqu'ils sont mis en place, elles se développent librement, tandis que, s'ils restent plus longtemps en pépinière, elles s'étiolent et l'arbre s'élève ne prenant pas de corps. »

Dans notre Midi, il paraît prudent de ne confier l'*Eucalyptus globulus* à la pleine terre que vers le milieu de la seconde année de semis, lorsque la tige, qui était quadrangulaire jusque-là, commence à s'arrondir dans

[1] « Pour tâcher d'éviter la mise en pots et les soins qu'ils exigent dans le courant de l'été, nous avons semé en juin des *E. resinifera* en terrines, qui nous ont donné, dit ailleurs M. Cordier, de fort bons plants pour nos plantations d'automne. Avec l'expérience nous finirons par nous affranchir de certains procédés onéreux que nous avions tout d'abord considérés comme indispensables. »

le bas; très-impressionnable au froid avant cette phase de son développement, il deviendrait alors infiniment plus rustique: c'est d'ailleurs ce que semble démontrer le fait cité par M. Denis (d'Hyères), d'un *Eucalyptus* de trois ans, qui, renversé totalement par un coup de vent, fut replanté après avoir été dépouillé de toutes ses branches et de ses feuilles; les unes et les autres repoussèrent, seulement l'arbre entier se couvrit de feuilles de la première jeunesse. En Portugal, où l'on s'occupe actuellement, avec une véritable fièvre, de la culture de l'*Eucalyptus*, où l'on en sème et plante partout, les pépiniéristes apportent sur les marchés des sujets de deux ou trois ans, dont les racines sont simplement enveloppées d'herbes et de feuilles sèches. Malgré cet emballage sommaire, nous disait une personne qui habite Lisbonne, les jeunes *Eucalyptus* supportent un voyage quelquefois assez long par une chaleur très-forte, et résistent parfaitement à la transplantation.

Pour une plantation de peu d'étendue ou d'arbres isolés, lorqu'on veut que les sujets poussent vite et obtenir une belle végétation, il faut préparer l'emplacement de chaque arbre en creusant une fosse de 1^m, 50 de diamètre, au moins. Si la fosse a 2 mètres de diamètre en tous sens, cela n'en vaudra que mieux. La profondeur à 90 cent. ou 1 mètre est insuffisante. En recomblant la fosse, on aura soin de réserver la meilleure terre pour le voisinage immédiat des racines. Ce serait encore une opération avantageuse que de mêler à cette terre du terreau ou du fumier bien consommé. (Hardy).

Lorsqu'il s'agit au contraire d'une plantation importante *et dont on désire sérieusement la réussite*, il est essentiel, indispensable, de préparer le terrain longtemps à l'avance par des labours *très-profonds*, faits à la charrue dite *fouilleuse*, du moment que l'opération est praticable; sinon, il faudrait faire les défoncements à la pioche. (Rivière.) « Mieux la terre aura été préparée, plus la réussite sera assurée, dit de son côté M. Cordier. On jalonnera la place que doit occuper l'arbre, et l'on fera faire des trous proportionnés à la consistance de la terre; nous ne les avons jamais faits de plus d'un mètre de surface sur 50 à 60 centimètres de profondeur, et nous pensons que ces dimensions sont suffisantes même pour les terrains compactes; dans les terres légères et sablonneuses, un approfondissement du sol par quelques coups de pioche, à l'endroit que doit occuper l'arbre, est même suffisant; des plantations que nous avons faites dans ces conditions, ne laissent rien à désirer sur d'autres faites avec des trous : l'essentiel est de tenir autant que possible la terre ameublie pendant les deux premières années, et exempte de toutes plantes parasites. »

En Algérie, il est important de préparer le sol longtemps à l'avance; en voici la raison. Il existe dans la colonie un insecte dont la larve est très-commune dans les sols non défrichés; il en résulte que si l'on fait la plantation immédiatement après les labours, les larves, ne trouvant plus leur nourriture, se jettent sur les Eucalyptus et les décortiquent au collet comme le font autre part les larves de hannetons. Dans les magnifiques plantations de la plaine de l'Habra, faites par la Société algérienne, de même qu'au Sly, à Relizane, etc., de grands espaces ont été dévastés par cet insecte, qui y a déjà fait périr plus de 75,000 Eucalyptus. La première observation à cet égard fut faite à Oued-Bès-Bès, où se trouvait une plantation de 10 hectares. En arrachant les arbres qui avaient succombé, on voyait l'écorce des racines rongée, sans savoir d'abord à quoi pouvaient être attribuées ces dangereuses atteintes. On reconnut enfin la présence dans le sol de nombreuses larves, seules cause de tout le mal. Ces larves sont celles d'un Coléoptère Lamellicorne, de la tribu des Mélolonthides, le *Rhizotrogus euphytus*, très-voisin de deux espèces communes dans les environs de Paris, les *Rh. solsticialis* et *æstivalis*, sortes de petits hannetons qu'on voit voltiger le soir autour des arbustes pendant les chaleurs de l'été. Depuis qu'on sait que ce sont ces larves qui causent la mort des *Eucalyptus*, on a modifié en Algérie la méthode de culture précédemment adoptée : on laboure à la charrue, en mai, la terre qui doit recevoir ces arbres, afin de la dénuder de toute végétation, et on la laisse sans culture jusqu'à l'automne, pour que les larves périssent faute de nourriture, avant la plantation.

Avant de mettre en place à demeure les jeunes Eucalyptus, il est prudent, sous peine de mauvaise réussite, de s'assurer si les mottes ne sont pas sèches : dans ce cas, il faut les tremper dans l'eau pendant quelque temps, afin de rendre à la terre l'humidité nécessaire à la vie de la plante ; si l'on néglige cette précaution, il en résulte presque inévitablement la mort de la plus grande partie des jeunes sujets, peu après la plantation. (Rivière.)

Une autre précaution indispensable également lorsqu'on plante des Eucalyptus venus en pots, c'est de retrancher toutes les racines qui entourent la motte et même le pivot, lequel se refait aussi facilement que la flèche lorsqu'elle a été cassée. Ce pivot, qui s'allonge très-vite, se trouve promptement à l'étroit dans les pots, où il se contourne en suivant la paroi intérieure du vase et prend une disposition en spirale fort défectueuse. On retranche donc à la main toutes les racines qui se sont ainsi contournées ; si elles sont déjà fortes, on les coupe avec une serpette bien affilée ; sans cette précaution, les racines continuent à pousser et à grossir en tire-bouchon, et finissent par étrangler le pivot ; la mort des arbres, qui arrive parfois après trois ou quatre ans d'une bonne végétation apparente, n'a souvent pas d'autre cause ; de plus, l'arbre se consolide difficilement et est plus sujet à être renversé par les vents. Par suite de cette suppression de racines, les jeunes pieds mis à leur place définitive restent d'abord stationnaires ; mais, au bout de six semaines ou deux mois, ils entrent en pleine végétation, et dès lors leur développement devient extrêmement rapide.

Les jeunes sujets doivent être plantés à 10 ou 15 centimètres au plus en contre-bas de la surface du sol, dans des cuvettes, de façon à ce qu'ils conservent plus longtemps l'humidité. Pour planter ceux conservés en terrines, on mouille d'abord la terre par un bon arrosage, et au moyen d'un couteau on enlève chaque pied de façon à ce que la terre reste adhérente aux racines ; on les place comme ceux venus en pots, en les entourant d'un peu de terre fine, qu'on tasse avec la main.

« Ce procédé, dit M. Cordier, nous a toujours réussi, et il est des plus économiques. Il est bon de donner un arrosage, afin de raffermir la terre autour du jeune plant : un litre d'eau est suffisant lorsqu'elle n'est pas desséchée [1]. »

Pour les plantations en massif, la distance à adopter de préférence paraît être celle de 2 à 3 mètres : les jeunes arbres s'élèvent plus droit ; ils trouvent à cette faible distance un aliment suffisant pendant quatre ou cinq ans, car ce n'est qu'à partir de cette époque que leur accroissement en grosseur commence à se ralentir. Des éclaircies peuvent déjà donner des perches utilisables dans une exploitation agricole, soit pour clôture, soit pour hangars légers : c'est ce qu'on pratiquera alors pour leur rendre l'espace nécessaire à la continuation de leur croissance. (Cordier.)

Dès le moment où l'*Eucalyptus* est mis en place, il ne demande plus aucun soin, si ce n'est l'ameublissement du sol après les dernières pluies du printemps et

[1] « Si une pluie battante survient, dit M. Trottier, on devra, avant que la terre soit trop durcie, donner un léger martelage autour des petits arbres, afin que la croûte n'étrangle pas leur collet. Enfin, en mai, profitant, si cela se peut, d'une pluie qui ait rendu la terre plus friable, on donnera un léger binage sur toute la longueur des lignes, et cela sur une largeur de $1^m,20$. Il n'y a plus à s'occuper de la plantation jusqu'à l'hiver.

« Avant les gros temps, si les arbres s'élèvent trop, et que l'on craigne, à la suite des fortes pluies délayant le sol, de voir le vent renverser les *Eucalyptus*, on peut raccourcir les tiges et les branches supérieures dans une mesure que la pratique et l'observation peuvent seules indiquer. En tout cas, quand un arbre se couche, il faut attendre la fin du mauvais temps, et, pendant que la terre est encore molle, le relever et l'incliner légèrement du côté opposé ; il faut pousser doucement, en faisant effort dans la partie inférieure de la tige ; on butte alors fortement en arrière et l'on tasse la terre, qui, lorsqu'elle est sèche, devient dure comme une brique. »

la protection d'un tuteur pendant les premières années de son adolescence. Quelquefois son développement est si rapide, que le vent renverse les jeunes arbres : dans ce cas, un ou deux recepages de la tige, renforçant le tronc et ses attaches au sol, leur donnent désormais une très-grande résistance à la tempête.

Du reste, plantés en massifs, les *Eucalyptus* se protégent fort bien mutuellement; en hiver, contre le froid; en temps d'equinoxes, contre le vent; tandis que les sujets isolés sont infiniment plus exposés. Ces arbres, en effet, grandissent d'abord beaucoup en branches; ce n'est que vers la troisième année que le tronc prend un accroissement en diamètre en rapport avec son élévation; jusque-là, il peut assez facilement se briser sous l'action des fortes bourrasques, ou se laisser déraciner.

C'est précisément pour parer à cet inconvénient que plusieurs personnes recommandent de n'espacer les *Eucalyptus* que de 2 mètres en tous sens, là où le froid et la violence du vent sont à craindre. Si, dans ces conditions, les arbres se trouvent un peu gênés dans leur développement, on trouve une large compensation à cet inconvénient dans la protection mutuelle qu'ils se prêtent contre la gelée et les ouragans, et l'on peut même alors se dispenser de leur mettre des tuteurs.

Dès qu'ils ont atteint leur troisième année, les bourrasques ne sont plus à craindre pour eux. « Il est difficile de se rendre compte de la ténacité et de l'élasticité de leur bois, dit M. Gastinel-bey, si l'on n'a pas vu les hautes tiges de ces arbres courbées par l'effort des vents, qui soufflent souvent ici (au Caire) avec une grande violence. Nous avons vu bien des fois l'inclinaison du tronc poussée à un tel point, qu'il semblait impossible qu'il pût résister, sans fracture, à de pareilles secousses. Le calme revenu, l'arbre reprend sa position première et balance de nouveau son élégante frondaison[1]. »

Bien que l'expérience ait démontré que l'écimage des jeunes Eucalyptus peut se faire sans grand inconvénient, puisque généralement leur flèche se refait si rapidement qu'il n'y paraît presque plus quelques années après, M. Cordier ne partage pas néanmoins l'avis des personnes qui pensent que cette opération doit se faire indistinctement sur tous; « mais nous la considérons, dit-il, comme utile et même indispensable en certains cas. Utile, quand le jeune plant pousse grêle et s'élève sans ou avec peu de branches latérales; un écimage de quelques pouces de la tige herbacée provoque le développement de ces branches et en même temps des racines : il en résulte que l'arbre est moins susceptible d'être renversé par le vent. Indispensable, lorsqu'il a été déraciné ou fortement déjeté; alors on ne doit pas craindre de retrancher 1 et même 2 mètres de tige, suivant la force du sujet, afin de pouvoir plus facilement lui faire reprendre la position verticale.

« Quant à l'élagage du tronc, nous considérons cette pratique comme étant plutôt nuisible qu'utile à la bonne végétation de l'arbre; on doit, croyons-nous, se borner à amoindrir les branches qui tendent à pren-

[1] *L'Eucalyptus* (*Egypte agricole*, juillet 1870, p. 21).

dre trop de force au détriment de la tige, et rétablir par ce moyen l'équilibre. Pour nous, les arbres s'alimentent autant dans l'atmosphère par leurs feuilles que dans la terre par leurs radicules, et chez les arbres à feuilles persistantes on ne doit retrancher que les branches dépérissantes. »

Une pratique qui permettrait au tronc de prendre un rapide développement, consisterait, ainsi que l'a observé en Égypte M. Delchevalerie, chef jardinier du khédive, à faire tous les quinze jours une incision longitudinale, depuis la hauteur à laquelle on peut atteindre, jusqu'au niveau du sol, sans entamer l'aubier. Il s'en écoule un suc gommeux, et peu de jours suffisent pour que la plaie soit cicatrisée. Ces incisions semblent, d'après M. Delchevalerie, délivrer le tronc de l'étreinte qu'il subit de la part des couches corticales, et lui permettent dès lors de prendre un plus grand accroissement en diamètre, ce qui augmente sa force de résistance à l'action des bourrasques.

Si les vents chauds et secs, tels que le siroco [1] et le khamsin [2], n'influent généralement pas d'une manière fâcheuse sur les *Eucalyptus*, il n'en est pas de même des vents de mer, qui leur sont manifestement contraires et brûlent les jeunes rameaux : l'arbre, gêné dans son développement, surtout en hauteur, reste toujours chétif et rabougri. Le gigantesque *Eucalyptus globulus* lui-même ne dépasse jamais la taille d'un simple arbrisseau, sur les côtes exposées au souffle des

[1] M. Monchalait, *de l'Eucalyptus* (*Revue des Eaux et Forêts*, 1867).

[2] *Bull. de la Soc. d'accl.*, IIe série, t. IV, p. 432.

tempêtes, bien qu'il puisse cependant s'y couvrir de fleurs et de fruits. A Oran, où de nombreuses plantations d'*Eucalyptus* ont été faites sur les promenades publiques et dans les jardins, tous les sujets exposés directement au vent de mer ont souffert beaucoup, et un grand nombre ont péri; ceux, au contraire, qui ont été abrités, présentent une très-belle végétation [1]. En Algérie également, M. Cordier a vu des plantations, distantes de 5 à 600 mètres du rivage, compromises d'une façon très-sérieuse par l'air de la mer. Il pense toutefois qu'on pourrait parer jusqu'à un certain point à cette action pernicieuse en plantant les arbres en massifs, comme le conseille M. Auzende. Dans tous les cas, il sera prudent, en faisant des plantations non loin de la mer, de choisir autant que possible les endroits les mieux abrités par la configuration du terrain [2].

Pour toute plantation, la nature du sol est une question de première importance. Néanmoins, grâce à leur rusticité et à leur vigueur phénoménale, on peut espérer voir la majeure partie des *Eucalyptus* croître même dans toute espèce de terrain. Seul, un fond chargé de sel, ou de nature tout à fait calcaire, leur

1 M. Monchalait, *loc. cit.*

2 Notons toutefois que cet avis n'est pas partagé par tout le monde, notamment par M. Nardy aîné, d'Hyères, qui affirme que l'*E. globulus* croît très-bien jusque sur les bords de la mer. « Nous avons admiré souvent, dit-il, la belle végétation d'un sujet croissant à quelques mètres de l'eau salée, dans un lopin de bonne terre qu'encadrent quelques roches. Parfois les feuilles sont brûlées par l'eau que lancent de fortes rafales; mais le mal n'est que passager. (*Les Eucalyptus sur le littoral de la Méditerranée, Journal de la Société cent. d'hort. de France*, 1875, p. 85.)

serait véritablement contraire; encore certaines espèces des déserts se montrent-elles assez peu difficiles sous ce rapport et s'accommodent-elles volontiers d'un sol très-chargé de chaux. (Lissignol.) Il n'en est pas de même des jeunes sujets plantés en sol argileux et humide, que les hivers rigoureux peuvent maltraiter chez nous, à ce point qu'on soit forcé de les rabattre au ras de terre. Ils réparent néanmoins promptement leur tige, et ce n'est pas une des moindres qualités de l'*Eucalyptus* que celle de repousser aussi bien sur sa souche.

Parmi les espèces qui se plaisent le mieux en terrain humide, il faut surtout citer les *E. rostrata*, *tereticornis*, *colossea*, *botryoïdes*, *coriacea*, *Stuartiana*, *amygdalina* et *robusta*. Parmi celles qui craignent au contraire l'humidité, on doit principalement désigner les *E. bupres-tium*, *doratoxylon*, *gracilis*, *fasciculosa*, *largiflorens*, *uncinata*, *dumosa*, *incrassata*, *occidentalis*, *polyanthemos*, *platypus*, *corynocalyx*, *brachypoda*, etc., toutes espèces susceptibles de résister à une longue sécheresse et convenant parfaitement aux terrains arides. Dans les déserts desséchés de l'Australie, dont le sol est plus ou moins sablonneux et même quelquefois salin, on rencontre ces *Eucalyptus* et d'autres encore, dont la plupart n'atteignent pas les dimensions d'arbres de haute futaie. Ils restent au contraire à l'état d'arbres nains, et constituent ces épais fourrés qui couvrent d'immenses étendues de terrain et qui sont décrits par les voyageurs comme formant une véritable mer de broussailles. (Lissignol.) Quant aux espèces qui supportent le mieux les gelées continues, et qui en Australie, de même qu'en Tasmanie, ne se trouvent guère que dans les régions alpestres ou subalpestres, elles sont au nombre d'une dizaine environ, parmi lesquelles on peut citer les *E. stellulata, stricta, alpina, urnigera, vernicosa, amygdalina, coccifera, coriacea* et *Gunnii* [1]. Ces deux derniers surtout se montrent très-haut dans les montagnes (jusqu'à plus de 5,000 pieds au-dessus du niveau de la mer), et paraissent pouvoir supporter fort bien le climat du centre de l'Europe et de toute la zone tempérée [2]. Mais, ainsi que nous le disions plus haut, ce n'est que dans quelque temps que l'on pourra se prononcer définitivemement sur la température nécessaire aux *Eucalyptus*, ou tout au moins à certaines espèces, qui n'ont point encore été essayées chez nous d'une façon suffisante [3]. Ce que l'on est en droit d'affirmer seulement, c'est qu'une grande partie de la région méditerranéenne peut leur convenir, l'Algérie principalement, qui est le pays du monde le plus semblable peut-être à celui de l'Australie; les saisons s'y comportent exactement de la même manière : saison des pluies et saison des chaleurs, avec un printemps et un automne peu sensibles. D'ailleurs, dans l'hémisphère austral,

[1] D'après des observations récentes faites particulièrement au jardin botanique de Tours, l'*E. rostrata* paraîtrait également résister bien au froid, et se montrerait, sous ce rapport, plus rustique que le *globulus*.

[2] « Dans nos terres, dont l'altitude est de 40 à 50 mètres seulement, dit M. Cordier, les *E. coriacea* et *Gunnii* réussissent mal. Nous sommes convaincu que toutes les espèces forestières australiennes, en choisissant leur milieu, se naturaliseraient facilement en Algérie. Il est à désirer que l'essai de ces diverses espèces se fasse dans les montagnes de l'Atlas, qui, mieux boisées, rendraient de grands services dans le régime des eaux. »

[3] C'est ce qui semble résulter notamment des observations faites par M. Barnsby, le savant directeur du jardin botanique de Tours.

Melbourne et Sidney sont sous la même latitude qu'Alger. La première de ces villes a la température moyenne de Florence (14 à 15 degrés centigr.), avec cette différence que l'écart de l'hiver à l'été est moindre en Australie. Sidney a la température de Lisbonne ou de Naples, et Brisbane (Quen's land), celle d'Alger. Les végétaux de ces contrées ne peuvent donc que réussir en Algérie et les pays limitrophes.

En ce qui concerne particulièrement l'*Eucalyptus globulus*, «on peut dire que cet arbre semble fait exprès pour l'Algérie ; mais il faut reconnaître qu'il ne trouve pas sur tout le littoral du nord de la Méditerranée une patrie aussi régulièrement appropriée à ses besoins. Dans le midi de la France, les seuls points où se plaisent et prospèrent les plantes de l'Australie sont ceux où l'oranger végète en plein air sans abris artificiels. Port-Vendres, Collioure dans les Pyrénées-Orientales, Saint-Mandrier, Hyères dans le Var, Cannes, le golfe Jouan, Antibes, Nice, Villefranche, Monaco dans les Alpes-Maritimes: voilà les stations privilégiées où l'hiver est pour mille plantes exotiques la saison de la végétation et des fleurs. En dehors de cette zone bénie, le climat de l'olivier a de ces brusques caprices dont s'accommode difficilement le tempérament de l'*Eucalyptus*. La pureté même du ciel y favorise ces gelées de rayonnement qui détruisent en une nuit les espérances de toute une année, sans compter que de loin en loin d'énormes abaissements de température (jusqu'à 17 degrés centigrades à Montpellier) y tuent, au ras de terre, même les arbustes ou les arbres naturels à la région (lauriers, lauriers-tins, cistes, chêneskermès) : aussi la culture en plein air des végétaux australiens à Montpellier, à Marseille, à Narbonne même, est-elle une expérience pleine de transes pour l'amateur qui s'attache à ces pauvres êtres avec le sentiment anxieux d'une véritable paternité. J'ai connu pour ma part ces craintes, j'ai subi ces déceptions pour l'*Eucalyptus globulus* dans la période de 1863 à 1870, et de cette longue et pénible expérience j'ai fini par tirer la conclusion que, pour le climat du Languedoc et même de la partie occidentale de la Provence, la culture en plein air de cet arbre ne peut donner que des jouissances temporaires gâtées par les appréhensions et n'aboutissant jamais à rien de pratique en tant que reboisement ou dessèchement de marais. L'expérience dans ce dernier sens n'est pas faite pour la Camargue; mais il est plus que douteux qu'elle puisse réussir dans une région plate, sans abri, désolée par le mistral et n'offrant dans sa végétation spontanée aucun indice d'un climat plus chaud que celui du littoral de Montpellier. A Marseille même, sur la colline du *Roucas blanc*, où le goût de M. Talabot a su créer, à l'ombre protectrice des pins d'Alep et dans les anfractuosités des roches, tant d'abris pour les plantes délicates, l'*Eucalyptus* n'est qu'un hôte frileux et dépaysé, superbe et luxuriant dans sa période juvénile, mais auquel manque l'avenir et que menacent les chances du premier hiver exceptionnel. » (Planchon.)[1]

[1] Cette manière de voir est également celle de M. Ramel, qui nous écrivait dernièrement : « On peut indiquer comme règle générale que la zone de l'oranger est celle de l'*E. globulus* ; partout ailleurs il n'est pas chez lui. »

En ce qui concerne les chances de réussite des autres *Eucalyptus* dans nos départements du Midi, le moyen le plus simple d'être fixé serait, ainsi que le conseille M. Mueller, de faire porter les essais sur autant d'espèces différentes que possible : les exigences de chacune d'elles, au point de vue du climat et du terrain, s'accuseraient bientôt, et, procédant par élimination, on arriverait promptement à ne conserver qu'un petit nombre d'espèces réellement susceptibles de prospérer dans leur nouveau milieu, et, par suite, intéressantes à propager. Les essais se multipliant de tous côtés, on ne tarderait pas à connaître exactement le tempérament de ces arbres, car les observations recueillies sur divers points indiquent déjà à peu près les limites des régions où leur culture sera rémunératrice. D'assez nombreux documents nous étant déjà parvenus à ce sujet, nous croyons utile de citer ici ceux qui fournissent les renseignements les plus caractéristiques.

Alpes-Maritimes.— On doit à M. le docteur Gimbert un très-intéressant travail sur l'introduction et le développement de la culture des *Eucalyptus* dans l'arrondissement de Grasse[1]. Ce fut, paraît-il, M. Thuret, botaniste bien connu dans le monde scientifique, qui planta, en 1860, le premier *Eucalyptus globulus* qu'on ait vu à Antibes. Deux ans après, M. Martichon, habile horticulteur du pays, commença d'importants semis, et, dès ce jour, se consacra à la vulgarisation de cette

[1] *L'Eucalyptus globulus* (*Mémoires de la Société des sciences naturelles, des lettres et des beaux-arts de Cannes et de l'arrondissement de Grasse*, 1870), 1 vol. p. 90.

espèce. En même temps, M. Opoix, secrétaire de la Société d'horticulture, faisait de nombreuses plantations dans le jardin de la villa Vallombrosa; et, rapidement, grâce à l'initiative de ces hommes, les plaines et les coteaux furent couverts du nouvel arbre australien. Deux sujets plantés par M. Martichon en mars 1863 et convenablement arrosés atteignaient en cinq ans 20 mètres de hauteur, avec un tronc mesurant $1^{m},10$ de circonférence, à 40 centimètres au-dessus du sol; ils avaient donc grandi de 4 mètres par an. Dans le jardin de M. Bonnet, un autre *E. globulus* fut planté en 1862, ayant 1 mètre de hauteur. La première année, il resta presque stationnaire ; on fit alors défoncer profondément le sol tout autour, et grand fut l'étonnement du propriétaire lorsqu'il vit, pendant l'été suivant, l'arbre s'allonger d'un mètre par mois. Cet *Eucalyptus*, isolé sur une pelouse, est aujourd'hui le plus remarquable individu de l'espèce qu'il y ait à Cannes. Il est droit comme un I et d'une forme grandiose.

A la *villa des Mimosas* et dans le magnifique jardin du *Grand Hôtel*, des *Eucalyptus* de quatre à cinq ans s'élèvent à 12 et 15 mètres de hauteur ; dans le même terrain, un semis de dix-huit mois atteint 7 mètres de haut. Tous ces jeunes arbres sont très-droits et très-branchus. Quelques-uns, plus mal exposés, se montrent moins rameux et moins épais, mais tout aussi réguliers et aussi élevés.

A l'hôtel *Beau-Rivage*, à la villa Grandval, dans les jardins de MM. Turcas, Fould, Tripet, Lucq, Duboys-Danger, Woolfield, etc., le développement des *Eucalyp-*

tus globulus est tout aussi remarquable : des semis de 1864 et 1865 ont donné, suivant les lieux, des arbres de 10 à 15 mètres de hauteur avec le tronc en proportion, et cela non-seulement pour les sujets isolés, mais aussi pour les plantations en massifs. Sur une terrasse à sol sablonneux et exposée en plein midi, deux industriels distingués, MM. Pilot et Cuvillier, semèrent, en 1864, 200 graines de *globulus* qu'ils avaient reçues directement de Melbourne, par le ministère de la marine.

Ces semis furent faits à 5 mètres l'un de l'autre. Tous réussirent, et, cinq ans après, ces sables arides étaient couverts d'un bocage charmant.

Tous cependant n'atteignirent pas les mêmes dimensions, bien que contemporains.

L'un d'eux, isolé dans un coin du jardin, mesurait 12 mètres de hauteur et avait un tronc d'un mètre de circonférence, à 40 centimètres au-dessus du sol. Tous ceux qui s'élevèrent sur la ligne méridionale de la terrasse et qui recevaient le plus de soleil, poussèrent vigoureusement ; et « aujourd'hui, écrivait M. le docteur Gimbert en novembre 1869, c'est-à-dire cinq ans après la plantation, ils mesurent de 10 à 11 mètres de hauteur et 78 à 90 centimètres de circonférence à leur base.

« Les autres, placés plus au centre et plus au nord, recevant le soleil surtout par leur cime, semblent être d'une autre époque; leur hauteur oscille entre 7 et 8 mètres, leur tronc mesure de 40 à 70 centimètres de circonférence au-dessus du sol. Cette plantation prouve que les *Eucalyptus* peuvent être plantés en massifs, mais que la condition essentielle à leur prospérité est leur immersion dans des flots de lumière.

« D'après les données précédentes, il ressort que les *Eucalyptus globulus*, à Cannes, s'allongent de 4 mètres en moyenne durant la saison chaude. En général, les semis d'un an, plantés au mois de mai sur un terrain propice, atteignent 6 mètres de haut en décembre suivant.

« La végétation de la troisième année est en tout comparable à celle de la deuxième; mais celle des années suivantes, bien que toujours progressive, commence à se ralentir, ce qui favorise le développement du tronc. Ces résultats sont vrais pour toute l'étendue des Alpes-Maritimes[1]. »

CORSE. — Les premiers essais dans ce département datent de 1865. Ils furent faits, par les soins de M. Régulus Carlotti, dans des terrains dépendant de la colonie de Saint-Antoine (près Ajaccio) et situés à 130 mètres au-dessus du niveau de la mer.

Fort satisfait de ses premiers semis, M. Carlotti entreprit dès l'année suivante une plantation plus considérable, et décida la Compagnie de Polènzara[2] à l'imiter. En même temps, secondé par la Société d'agriculture d'Ajaccio, il distribuait des graines et de jeunes plants à plusieurs propriétaires de son arrondissement; et bientôt les administrateurs du grand sémi-

[1] Docteur Gimbert, *loc. cit.*

[2] Polenzara est située dans la plaine orientale entre Bastia et Bonifacio.

naire, ainsi que le service des ponts et chaussées et celui des eaux et forêts, tentaient des essais sur divers points.

« Bien que l'introduction de la culture de l'*Eucalyptus* en Corse soit de date récente, les résultats déjà obtenus suffisent, dit M. Carlotti, pour prouver que cet arbre devrait occuper le premier rang dans l'économie rurale de l'île.

« Les arbres de cinq ans ont plus de 8 mètres de hauteur avec un tronc d'un mètre 50 centimètres de circonférence, et les dimensions des sujets moins âgés donnent lieu d'espérer qu'ils ne se comporteront pas moins bien que les premiers plantés.

« Il est dès maintenant bien établi que l'*Eucalyptus* peut prospérer dans toute région maritime de la Corse et jusqu'à une élévation de 140 ou 150 mètres au-dessus du niveau de la mer. Quant aux plantations faites sur divers points de la région tempérée, dans des terrains exposés au midi, les arbres y résistent aux hivers, mais ne montrent point la vigueur de végétation et la croissance rapide constatées dans les cultures de la région maritime. Il serait utile de multiplier les essais de cette nature, pour s'assurer si l'*Eucalyptus* peut réellement vivre et prospérer dans la région intermédiaire de la Corse : si la question était résolue affirmativement par les faits, on pourrait rendre la vie à cette partie du pays en boisant les pentes des montagnes, qui occupent une portion considérable du département.

« Mais, quand même la culture de l'*Eucalyptus* ne pourrait point franchir les limites de la région maritime, on n'en devrait pas moins aviser aux moyens de l'étendre et de la développer : car ce n'est pas seulement au point de vue de la production du bois que cette culture mérite d'être encouragée, mais encore et surtout parce que des localités malsaines seraient rendues habitables. Depuis bien des siècles les forêts ont disparu des plaines de la Corse. Elles ont été remplacées par les makis et les broussailles. C'est à cette circonstance que l'on doit attribuer, plus encore qu'aux eaux stagnantes, l'insalubrité du climat. Cette insalubrité, qui persiste malgré les desséchements effectués sur plusieurs points du littoral, est la cause que plus de 130,000 hectares de terrains doués d'une grande fertilité restent incultes.

« La région maritime de la Corse, celle de l'est surtout, était autrefois peuplée et florissante; elle ne produit plus aujourd'hui que quelques céréales. Les habitants les moins fortunés des communes de l'intérieur du pays y séjournent seuls pendant l'hiver et le printemps, et se réfugient après la récolte dans leurs villages, situés à une grande distance de la plaine. Celle-ci ne peut donc être exploitée d'un manière rationnelle; les cultures permanentes en sont exclues. Si elle était habitable en toute saison, les populations de la montagne s'y établiraient, et la Corse deviendrait bientôt l'un de nos plus riches départements. Or la culture de l'*Eucalyptus* sur une très-vaste échelle suffirait pour accomplir cette heureuse transformation. Mais, si l'on veut obtenir l'assainissement complet du littoral, il sera nécessaire de couvrir d'arbres au moins 200 à 300 hectares, et l'on ne peut se dissimuler qu'il y ait beaucoup à faire pour arriver à un pareil résultat. »

Finistère. — Grâce au climat tempéré de ce département, l'*E. globulus* peut y résister à certains hivers peu vigoureux. Il existe à Quimper, dans le jardin de madame X..., des *Eucalyptus* âgés de quatre ans, qui ont ainsi passé déjà trois hivers en pleine terre, et ont actuellement revêtu le feuillage de l'âge adulte.

Gard. — En 1864, le Comice agricole de l'arrondissement d'Alais, ayant participé aux distributions de graines d'*Eucalyptus* faites par la Société d'acclimatation, essaya la culture de cet arbre à l'air libre. Des semis, faits par les soins de M. de Chapel, produisirent des sujets forts et vigoureux, qui ne purent cependant pas résister à l'hiver et furent gelés jusqu'au collet. Peut-être eussent-ils été moins maltraités, si leur mise en pleine terre eût été retardée d'un an ou deux, comme notre confrère M. le docteur Sicard conseille de le faire dans les Bouches-du-Rhône.

Indre-et-Loire. — Plusieurs espèces d'Eucalyptus ont déjà été essayées au jardin botanique de Tours. M. Barnsby, directeur de cet établissement, écrivait dernièrement (février 1875) à M. le secrétaire général de la Société d'acclimatation : « Les *Eucalyptus rostrata, gigantea, colossea, globulus* et *Wellington* ont été cultivés en plein air. De jeunes sujets d'un an ont été plantés à 1m50 d'un mur élevé et exposé au nord. Ces plantes ont été protégées, pendant l'hiver, au moyen de feuilles sèches placées au pied et d'un paillasson destiné à les préserver du verglas.

« Les cinq espèces ont résisté l'hiver dernier, et ont subi cette année un froid de 8 degrés centigrades.

« Il va sans dire que les tiges de l'année sont généralement perdues, et que c'est la souche ou portion souterraine de la tige qui donne de nouvelles pousses.

« J'ajouterai que la plantation a été faite dans un terrain sablonneux et frais, et que l'*Eucalyptus rostrata* n'a cessé de porter des rameaux et des feuilles qui conservent tous les caractères d'une végétation saine.

« Cette espèce semble donc être la plus rustique de toutes celles sur lesquelles j'ai opéré. »

Pyrénées-Orientales. — D'après M. Naudin, les *Eucalyptus* qui existent déjà depuis plusieurs années dans quelques jardins de Perpignan, y souffrent dans les hivers rigoureux et y présentent peu de chance de succès. Mais il est d'avis que dans les vallées abritées des Albères, telles que Collioure, Banyuls-sur-mer, etc., il en serait tout autrement de la rusticité de l'*Eucalyptus* qu'à Perpignan même.

Seine. — Sous le climat de Paris, « la gelée, dit M. Ed. André [1], n'épargnera pas l'*Eucalyptus globulus*. Il n'y faut pas compter, nous en avons fait la cruelle expérience ! Il faudra le traiter, le laisser croître et le considérer absolument comme un *arbre annuel*; ou bien encore on le rentrera avec soin en serre tempérée et même en orangerie.

« Pour avoir de jeunes et beaux sujets, bien garnis

[1] L'*Eucalyptus globulus*. (*Revue horticole*, février 1863).

de branches depuis la base, nous les semons en terre de bruyère, dans le courant de l'année qui doit précéder celle de leur mise en place, et nous les élevons en pots à l'air libre dans un composé de terre de bruyère et de terreau de feuilles. Les nombreux plants que nous avons obtenus ainsi ont tous été irréprochables de forme et de santé, et dans d'excellentes conditions pour passer hardiment l'hiver en orangerie, afin d'être plantés dans les jardins aux premiers beaux jours. Isolés ou par petits groupes de trois, les *Eucalyptus* constitueront une de nos plus belles parures parmi les feuilles ornementales; et, de nos jours, c'est une gloire, on le sait, plus que suffisante. »

VAR. — « Nous croyons que le vétéran des *Eucalyptus* sur le sol français est l'*E. globulus* que possèdent les jardins de la Société horticole Ch. Huber et Cie, à Hyères. Semé en avril 1857, il atteint aujourd'hui (février 1875), 20 mètres de hauteur, et son tronc mesure 2^{m},10 de circonférence à 1 mètre du sol. Ce bel arbre est dépassé toutefois par quelques autres de la même espèce, qui ont été plantés aussi à Hyères, mais deux ou trois ans plus tard. Sur les terrains de l'hôtel du Louvre, un sujet s'élance à 25 mètres et grandit toujours rapidement; le tronc mesure 2^{m},31 à 0^{m},90 du sol. Dans la belle propriété de M. le duc de Luynes, un autre sujet doit être particulièrement signalé. Cet arbre, à l'âge de deux ans, eut sa tige rompue accidentellement à 2 mètres du sol ; elle donna naissance à trois branches principales, dont le développement vigoureux fait aujourd'hui à cet *Eucalyptus* une tête immense atteignant 20 mètres de hauteur. C'est un arbre majestueux.

« A quelques kilomètres de la ville d'Hyères, dans un site relativement froid, et sur un sol argileux, très-humide en hiver, nous avons planté, pour le compte de M. Richard Cortambert, de Paris, un hectare en *Eucalyptus globulus*. Le terrain avait reçu un défoncement ordinaire. La végétation est splendide [1]. »

VENDÉE. — Dans ce département, comme dans celui du Finistère, les hivers sont quelquefois assez doux pour que les Eucalyptus puissent les supporter : c'est ainsi qu'il existe à Fontenay-le-Comte, chez M. de Suyrat, un *E. globulus* qui vient de traverser sans accident son huitième hiver en pleine terre, Ce fait, ainsi que les résultats obtenus en Touraine et que nous signalions plus haut, donne lieu de penser que, s'il faut renoncer à tout espoir de boisement et de culture en grand de l'Eucalyptus ailleurs que dans la région de l'oranger, il ne serait peut-être pas impossible, grâce à certains soins et à un traitement particulier, de le conserver en pleine terre sur un assez grand nombre d'autres points, et d'en tirer parti, soit comme arbre d'ornement, soit pour l'exploitation des feuilles et de l'huile essentielle qu'elles produisent. Il en est de l'Eucalyptus comme de tous les autres arbres : ce sont toujours ses branches les plus jeunes, les moins bien *aoûtées*, comme disent les jardiniers, qui sont les premières et les plus gravement atteintes par la gelée. Par une taille d'automme, et en faisant,

[1] M. Nardy aîné, *loc. cit.*

comme le propose M. Krantz, le sacrifice de ces jeunes rameaux dès l'entrée de l'hiver, peut-être pourrait-on sauver l'arbre. Celui-ci sans doute y perdrait sa physionomie et son élégance; mais il serait encore précieux de le posséder dans ces conditions, en raison du produit qu'on pourrait en tirer et des émanations bienfaisantes de son feuillage.

Du reste, l'*Eucalyptus globulus* et plusieurs autres variétés également très-vigoureuses ont, comme on le sait, la propriété précieuse de repousser vigoureusement sur la souche ou tronçon de la tige, après abatage de celle-ci. Des sujets recépés près du sol émettent souvent de trois à cinq vigoureuses tiges, atteignant 2 à 3 mètres dès la première année. « Aussi croyons-nous, dit M. Nardy [1], que des taillis d'Eucalyptus, spécialement d'*E. globulus*, seraient d'un bon rapport, exploités pour la production de forts tuteurs de vignes et même de petites pièces de charpente.

« Nous voudrions voir l'*Eucalyptus* traité par ce rabatage annuel, essayé dans les cultures d'ornement de régions plus froides que la nôtre (Hyères). L'effet produit sur le vert des pelouses par la végétation élancée de l'*E. globulus*, la teinte glauque, presque blanchâtre de ses feuilles de l'adolescence, ou par le vert très-foncé de celles de l'*E. cornuta*, ou encore par l'élégant faciès de bien d'autres variétés, serait beau et des plus intéressants.

« Nous conseillons des essais faits comme nous allons l'indiquer, et nous en croyons le succès assuré.

[1] *Journal de la Société centrale d'horticulture*, 1875, p. 86.

« Planter, après les dernières gelées du printemps, des sujets d'un an, ou mieux de deux ans (car les bases des tiges seraient encore plus ligneuses à l'automne), sur sol défoncé, drainé s'il en est besoin, pour écarter l'excès d'humidité en hiver ; donner quelques copieux arrosages pendant les grandes chaleurs, pour aider au meilleur développement de l'arbre ; à la fin de la belle saison, quand des gelées sérieuses sont imminentes, ravaler la tige à 0m, 30 au-dessus du sol, et couvrir la coupe d'un enduit empêchant l'humidité de s'introduire dans les tissus ; puis entourer cette base de tige, et couvrir le sol environnant de feuilles ou autres matières propres à garantir de la gelée. Nous croyons qu'avec ces soins, les bases de tiges, aérées quelquefois en hiver, pendant les jours doux, puis complétement découvertes en avril, se conserveront parfaitement saines et vivantes. Les recouper alors plus bas, à 0m,10 environ sur le sol, et bientôt sortiront de vigoureux bourgeons, qui, après avoir joué leur rôle estival, seront traités en fin d'année comme la tige primitive. »

Algérie. — Les premiers semis d'*Eucalyptus* furent faits au jardin du Hamma, en 1863, avec des semences gracieusement offertes par M. Mueller. Mais plus de deux années s'écoulèrent avant qu'on s'occupât sérieusement de cet arbre en Algérie. Quelques personnes seulement surent apprécier tout d'abord les immenses services qu'il pouvait rendre au pays.

En première ligne figure M. Cordier, dont les premiers semis datent de 1866, et qui, par ses plantations importantes et ses études comparatives sur la végétation des diverses espèces d'*Eucalyptus* sous le climat algérien, a fait plus que pesonne pour la propagation de cette précieuse essence forestière dans notre colonie d'Afrique.

« Bientôt après, un autre colon, M. Trottier, fut saisi à son tour de la fièvre de l'*Eucalyptus* (ceci soit dit comme un éloge et sans intention aucune de raillerie); il eut aussi la foi et prouva sa foi par ses œuvres; planteur ardent pour lui-même et pour d'autres, il envisagea surtout dans son arbre favori une essence forestière capable d'enrichir un jour notre colonie, et n'hésita pas à prendre pour épigraphe de l'un de ses écrits ces paroles ambitieuses : « Le bois de l'*Eucalyptus* sera le plus grand produit de l'Algérie. » Poussant plus loin encore la confiance, il vit le désert reculer devant cet arbre colonisateur, et, spéculant sur le fait incontestable que la forêt crée l'humidité et transforme le régime hygrométrique d'une contrée, comptant d'ailleurs sur les nappes d'eau souterraines de cette région à surface aride, il intitula hardiment une autre brochure : *Boisement dans le désert et colonisation*[1]. Qu'il y ait dans cette espérance une part

[1] C'est du reste en s'inspirant des théories développées dans le remarquable *Mémoire sur le boisement de l'Algérie*, de M. le docteur Mueller, que M. Trottier a conçu la grande pensée de conquérir pied à pied le Sahara algérien, par la culture des arbres australiens.

M. Mueller, l'homme dont le nom fait certes le plus autorité en pareille matière, a signalé maintes fois les ressources que nous offrent plusieurs espèces de la flore australienne, et du genre *Eucalyptus* en particulier, pour les reboisements en Algérie. Le savant directeur du jardin botanique de Melbourne est intimement convaincu de la possibilité de vaincre la sécheresse et la stérilité de cerd'illusion et d'utopie, c'est ce que les esprits froids seront naturellement portés à conclure du langage même de l'auteur, langage trop assuré, trop tranchant

taines régions chaudes du globe par des plantations judicieusement faites. Selon lui, les vastes espaces arides et désolés de la Tunisie, du Maroc et de toute l'Afrique septentrionale sont susceptibles de se couvrir de forêts, et le Sahara lui-même pourrait, sinon être entièrement conquis et rendu partout habitable, du moins voir ses oasis augmenter en nombre et en étendue. (*Australian vegetation*, p. 18, dans les *Intercolonial Exibition essays*, 1866-1867. — Melbourne.)

On connaît, du reste, les excellents résultats obtenus il y a déjà longtemps par sir George Grey, dans la colonie du Cap, où des terrains entièrement dénudés jusque-là, ayant été plantés d'*Eucalyptus globulus*, se sont transformés en magnifiques taillis et en bons pâturages [1]. D'ailleurs, M. Mueller joint la pratique à la théorie : comme le nord de l'Afrique, certaines parties de l'Australie sont privées d'eau ; M. Mueller veut y remédier. « Il répartit dans l'intérieur des terres des millions d'arbustes nés dans ses pépinières ; de petits ruisseaux se forment rapidement sous ces jeunes bois, les résultats sont superbes déjà, et chaque année on les a parfaitement constatés. Sur des terres nues, il a créé, en plus d'une centaine de points, des bois et des cours d'eau [2]. »

C'est, du reste, un fait constaté de longue date que la présence d'arbres réunis en grandes masses produit assez d'humidité pour qu'elle soit maintenue dans le sol, et pour donner lieu à des sources, qui cessent de couler quand les forêts sont tombées sous la hache. « La violence des vents brûlants de l'été, dit M. Mueller, est tempérée partout où il existe d'abondantes futaies ; les ruisseaux, les terrains humides et frais sont les seuls obstacles qui arrêtent les légions de sauterelles dans les pays déserts ; mais les oiseaux qui détruiraient ces insectes ne peuvent se trouver en abondance que là où il y a des forêts et des taillis dans le voisinage. Il n'existe pas d'autres moyens de remédier à la sécheresse que d'étendre d'une manière importante la culture des arbres. L'envahissement des sables dans le désert et sur les côtes peut aussi être arrêté en cultivant les arbres qui peuvent prendre racine dans le sable, et l'on a de nombreux exemples de longues dunes inhabitées transformées en riants paysages par une activité industrieuse et patiente. »

On sait que ce sont les immenses plantations ordonnées par Méhémet-Ali dans la basse Egypte qui lui ont procuré les pluies dont elle était autrefois privée. « Les vents constants du nord qui y

[1] Ramel, l'*Eucalyptus globulus de Tasmanie*, p. 4.
[2] M. de Beauvoir, *Relation d'un voyage en Australie*, 1866.

pour ne pas être un peu suspect ; mais l'enthousiasme a son prix lorsqu'il s'agit de pousser l'opinion publique vers un but utile, et, si quelques mécomptes attendent fatalement les pionniers d'une voie nouvelle, leurs déceptions mêmes servent à rectifier la route au profit des prudents et des timides. Aujourd'hui, du reste, si le désert n'est pas près d'être conquis, la cause de l'*Eucalyptus* est à d'autres égards pleinement gagnée. Il a désormais en Algérie ses lettres de grande naturalisation. Il borde triomphalement les voies ferrées, dont il aura vu la naissance et marqué la date; l'en-

règnent presque exclusivement passaient sans obstacle sur cette terre privée de végétation, et sur les toits d'Alexandrie on conservait les grains sans les recouvrir ou les préserver des injures de l'atmosphère; mais, depuis que des plantations y ont été faites, il en résulte un obstacle qui retarde le courant d'air septentrional. Cet air retardé se gonfle, se dilate, se refroidit et donne de la pluie. » (BABINET.)

Pour le développement considérable des forêts permanentes dans les parties les plus sèches des zones tempérées, les arbres qui inspirent le plus de confiance sont certainement les *Eucalyptus*, parce que plusieurs espèces surpassent tous les autres arbres du monde connus par la rapidité de leur croissance et peut-être aussi par leur grandeur. En outre, ils se contentent d'un sol pauvre, et ne succombent ni sous une chaleur brûlante ni sous un froid modéré.

Les forêts d'*Eucalyptus* auraient cet avantage en Algérie, qu'elles seraient difficiles à incendier, et cela pour plusieurs raisons : en peu d'années les branches se trouvent à une grande élévation au-dessus du sol; ensuite, les plantations étant entretenues en bon état de culture pendant trois ans au moins, ne seraient pas remplies de lianes et de broussailles comme le sont les forêts de chênes-liéges, qui, par cela même, courent toujours de graves risques d'incendie. (TROTTIER.)

« Il serait facile de planter, d'ici à dix ans, 100,000 hectares d'*Eucalyptus* et même beaucoup plus; que cela se fasse, et quelques années plus tard, le pays aura là une ressource se chiffrant par centaines de millions [1]. »

[1] Trottier, *Notes sur l'Eucalyptus*, p. 7, 2e édition. Alger.

ceinte des jardins ne lui suffit plus depuis longtemps : c'est par centaines de mille qu'il s'implante, en massifs, en avenues, en groupes, en pieds isolés, sur tous les points des trois provinces, et, dès à présent, l'étranger qui ne serait pas instruit de l'origine exotique de l'Eucalyptus, pourrait le prendre pour un des arbres indigènes de la région [1]. »

La Société générale algérienne en fait faire chaque année d'immenses plantations. Mais plusieurs colons contribuent largement, eux aussi, à la propagation des nouveaux arbres[2]. Ainsi que nous l'avons dit plus haut, M. Cordier s'est appliqué à faire des essais de culture dans des conditions très-diverses, afin de s'assurer tout d'abord du mode de culture présentant le plus de chances de réussite. Ses plantations ont été faites, les unes en massifs ou en lignes isolées, les autres dans des plantations de Pin d'Alep, Cyprès, *Casuarina*, etc., ayant déjà quatre à cinq ans de date; d'autres, enfin, dans des terrains non défrichés, couverts de Lenstiques, de Palmiers nains, etc.

Comme partout, les plantations en massifs ou en bois ont donné d'excellents résultats. Mis en place à 3 mètres de distance en tous sens, dans une terre légère, à sous-sol marneux, les jeunes arbres n'ont éprouvé qu'une mortalité de 3 à 4 pour 100.

Les arbres plantés en lignes isolées dans les terres rouges perméables, assez communes en Algérie, ont

[1] M. Planchon (*l'Eucalyptus globulus au point de vue botanique, économique et médical.* — *Revue des Deux Mondes*, janvier 1875).

[2] A côté des noms de MM. Cordier et Trottier, que nous avons déjà cités, il est juste de mentionner particulièrement ceux de MM. Marès et Arlès-Dufour, qui ont fait également des plantations importantes.

atteint en cinq ans de 12 à 15 mètres de hauteur, sur 60 à 70 centimètres de circonférence; ceux des terres légères, sablonneuses, sont moins élevés, mais tout aussi gros.

Les plantations faites au milieu de massifs de Pins, de Cyprès, de *Casuarina*, etc., ont donné des résultats un peu moins satisfaisants.

Enfin, dans les terrains couverts de Lentisques, Palmiers nains, *Phillyrea*, etc., les essais ont complétement échoué: 1,000 à 1,200 jeunes *Eucalyptus* plantés dans des clairières ont presque tous péri. Leur développement, après s'être accompli d'abord régulièrement, se ralentit peu à peu et finit par s'arrêter tout à fait. Au bout de deux ans, les racines des arbres avoisinants avaient envahi le terrain et affamé complétement les jeunes plants, dont il ne restait plus que quelques sujets rabougris et maladifs.

« Avant de connaître l'*Eucalyptus*, écrit M. Cordier, j'avais déjà tenté d'introduire dans nos broussailles des essences forestières à haute tige; de toutes celles essayées, le Pin d'Alep seul avait réussi d'une façon satisfaisante. La rusticité de l'*Eucalyptus globulus*, jointe à une croissance rapide, m'avait fait penser qu'il lutterait contre la végétation lente de nos Lentisques et *Phillyrea*, et j'ai même pu me faire illusion pendant la première année en voyant mes jeunes *Eucalyptus* pousser avec autant de vigueur que dans les autres plantations; mais les racines des végétaux préexistants, en envahissant les espaces cultivés, étouffèrent le jeune plant et absorbèrent la nourriture dont il avait besoin.

« Il résulte donc de nos essais qu'on réussira d'autant mieux qu'on opérera dans des sols préalablement purgés de tous végétaux.

« Il est à remarquer qu'en Algérie les *Eucalyptus* végètent toute l'année, sans interruption bien sensible[1] : cela résulte d'observations que j'ai faites depuis trois ans, en mesurant le premier de chaque mois la circonférence des arbres les mieux venants, dans nos diverses plantations. Cette croissance est ordinairement de un centimètre par mois ; il en est même qui, situés dans le voisinage de terrains irrigués, ont atteint 18 centimètres par an.

« Dans les plantations forestières, c'est, sans contredit, jusqu'à présent, à l'*Eucalyptus globulus* que nous devons donner la préférence, sa rusticité et sa rapidité de croissance dans les terrains qui lui sont propres, étant supérieures à toutes les autres essences forestières que nous connaissons ; quant à la qualité de son bois, si nous ne pouvons encore rien affirmer par notre propre expérience, nos essais étant de date trop récente[2], nous pouvons du moins en préjuger par les

[1] « Suivant la situation où les *Eucalyptus* sont plantés, nous écrivait dernièrement M. Cordier, les temps d'arrêt sont causés par la sécheresse ou l'abaissement de la température ; ils se produisent de l'automne au printemps pour les sujets isolés, tandis qu'ils ont lieu, au contraire, dans la saison chaude pour les arbres en massifs. Cela tient à ce que les premiers subissent plus l'influence du froid, tandis que les seconds s'abritent mutuellement ; mais, absorbant toute l'humidité du sol en été, ils souffrent de la sécheresse. »

[2] Nous avons fait couper, en février 1869, quelques jeunes *Eucalyptus globulus* ayant cinq ans de semis, nous les avons fait servir à des flèches de rouleaux à dépiquer les céréales et de chariots, à une échelle, et, jusqu'à présent, leur usage ne laisse rien à désirer ; l'année dernière, 1873, nous avons fait faire une échelle de chariot, un bâtis de tombereau et partie d'une charpente de hangar avec des arbres de neuf ans.

données que nous avons prises à diverses sources, qui sont unanimes pour en vanter la valeur. Nous ne pensons pas cependant qu'on doive s'en tenir à cette seule espèce : les *E. resinifera, red-gum, pendulosa* et une vingtaine d'autres, d'introduction plus récente, nous paraissent aussi appelées à prendre leur place dans les boisements algériens, d'autant plus qu'il en est qui viennent bien là où le *globulus* vient mal, soit parce que la terre se dessèche par trop, soit qu'elle reste au contraire trop mouillée. »

« L'estimation de la valeur possible de l'*Eucalyptus* en Algérie, comme essence forestière, est chose difficile, impossible même au sens absolu, dit M. Planchon, et qui ne peut, en tout cas, se fonder que sur des présomptions comparatives : c'est un problème trop complexe pour être résolu dès à présent avec des données incomplètes. En regard des espérances évidemment trop optimistes de M. Trottier, qui prévoit, pour l'hectare d'*Eucalyptus* planté en massif à raison de 1,000 pieds, un revenu brut de 1,200 francs en cinq ans et de 53,254 francs en vingt-six ans, il faut placer les calculs bien plus modestes de M. Cordier, résumés dans la progression suivante : sur 1,000 arbres plantés en massif et exploités par éclaircissements successifs, on peut abattre :

A 5 ans,	500 arbres valant	....	600 fr.
A 10 —	250 —	....	1,313
A 15 —	125 —	....	1,473
A 20 —	60 —	....	1,521
A 26 —	60 —	....	3,195
	Soit un total de	....	8,102 fr.

ce qui représente, pour l'exploitation quinquennale de 1 hectare, un revenu annuel de 300 francs environ. S'il y a loin de ce chiffre aux résultats rêvés par l'enthousiasme de certains planteurs, il représente néanmoins un très-beau profit et peut largement encourager les colons à la plantation des *Eucalyptus*. D'ailleurs, ajoute M. Cordier, le produit des plantations en ligne sera plus considérable que celui des plantations en massif, — à plus forte raison, ajouterions-nous, celui d'arbres isolés venus dans des conditions favorables; mais on sort alors de la sylviculture, et les calculs se modifient suivant les conditions très-variables de la culture de fantaisie[1]. »

« Pendant les premières années, la végétation des jeunes *Eucalyptus* en massif ne laisse rien à désirer sur celle des sujets isolés ou largement espacés; mais elle se ralentit bientôt, et d'autant plus promptement que la couche de terre végétale a moins d'épaisseur. Dès la cinquième ou sixième année, la croissance est déjà bien moins rapide, « les racines ont envahi tout le sol, et l'aliment va leur manquer: c'est donc à partir de cette époque qu'on fera bien de faire des éclaircies; et, si l'on veut ménager l'avenir, on devra opérer suivant les règles en usage pour l'exploitation et l'aménagement des forêts de haute futaie, c'est-à-dire n'abattre que les arbres défectueux ou moins bien venants, réservant toujours ceux qui végètent le mieux, sans tenir compte d'un espacement régulier. Ces éclaircies devront se continuer et se faire à chaque période où l'on recon-

[1] Planchon, *Revue des Deux Mondes*, janvier 1875.

naîtra qu'un certain nombre de jeunes arbres restent stationnaires, en procédant de la même manière. Ce sont les quelques arbres de la dernière période qui donneront le vrai produit ; et, en attendant, le jardinage fournira pour une exploitation agricole des bois utilisables à un grand nombre d'usages, qui dispenseront d'avoir recours aux marchands de bois[1]. »

« Dans tous les cas, dit ailleurs M. Cordier, le produit le plus sérieux ne sera pas, selon moi, celui qu'on obtiendra dans une période de dix ans, mais bien celui que donnera l'exploitation des arbres arrivés à maturité. Des éclaircies faites dans les plantations en massif, soit annuellement, soit à des époques assez rapprochées, en ayant soin de n'abattre que les sujets qui végètent le moins bien, ne laisseront plus subsister que des arbres sains, qui donneront, à une époque plus ou moins éloignée (époque difficile à préciser, mais qu'on peut évaluer à quarante ou cinquante ans) des bois de grande valeur. Nous savons tous que le chêne, le meilleur et le plus estimé de nos bois d'Europe, n'acquiert son maximum de solidité et de durée que lorsqu'il est arrivé à la période de maturité, c'est-à-dire à cent ou cent vingt ans.

« J'ai fait abattre en février 1873 un *Eucalyptus globulus* de neuf ans de semis, dout les dimensions m'ont permis de faire débiter en plateau un tronçon de $3^m,80$ de longueur sur $1^m,35$ de circonférence. J'ai fait le cube de la tige et des branches utilisables, et voici ce qu'elles m'ont donné, cubées en rond :

[1] M. Cordier, *Etudes forestières. Des Eucalyptus* (*Bulletin de la Société d'agriculture d'Alger*, 1874, n° 59).

		m. c.		m. c.		st. mill.	st. mill.
Tiges...	long.	3,80	circonfér.	1,35	cube	0,554	0,868
	—	4,40	—	0,80	—	0,221	
	—	4,70	—	0,50	—	0,093	
Houpier.	—	7,00	—	0,36	—	0,068	0,285
	—	5,00	—	0,36	—	0,049	
	—	9,50	—	0,30	—	0,080	
	—	6,00	—	0,30	—	0,048	
	—	5,00	—	0,27	—	0,040	
					Total	....	1,153

« C'est donc un peu plus d'un mètre cube que cet arbre a produit de bois propre au charronnage. Mon charron vient d'acheter des pièces de bois de frêne en grume à 70 francs le stère : à ce prix, la valeur de mon arbre serait donc de 80 francs. Mais n'oublions pas que des calculs faits sur ces bases, pour le rendement de plantations d'*Eucalyptus* en massif, seraient fort trompeurs..... [1].

« Une autre question qui se résoudra par la pratique, c'est de savoir dans quels terrains le nouvel arbre sera le plus avantageusement planté. Au point de vue de l'assainissement et de la rapidité de croissance, ce sont les terres basses, marécageuses et chaudes qui semblent lui convenir de préférence; mais comme, d'après les indications de M. Mueller, l'espèce dans ses forêts naturelles semble se contenter, à la rigueur, de terrains maigres et secs, on peut espérer en faire en Algérie une ressource pour les reboisements des montagnes ou des fonds arides. Tout en profitant,

[1] *Bulletin de la Société d'acclimatation*, 1873.

s'il y a lieu, de cette disposition de l'*Eucalyptus* à braver la sécheresse et l'infertilité relative du sol, il ne faudrait pas néanmoins, sur le second point surtout, se faire trop d'illusions. (Planchon.) Si l'*E. globulus* végète bien aussi dans des sols pauvres, tels que ceux schisteux et siliceux, il faut que la nature du sous-sol permette aux racines de s'enfoncer profondément et renferme une certaine dose d'humidité pour les alimenter : nous avons eu, dans ces dernières années, un certain nombre d'*Eucalyptus* qui, après avoir très-bien végété pendant quatre à cinq ans, sont morts de sécheresse, et nous avons constaté que des bancs de roche ou de graviers, exempts d'humidité, formaient la base du sous-sol. » (Cordier.) « Rien ne vient de rien, et les plantes même à tempérament de chameau ne s'accommodent de l'aridité du désert qu'à la condition d'aller puiser profondément l'eau dont elles ont besoin pour végéter : ce qu'on peut dire à cet égard de l'*Eucalyptus*, c'est qu'il résiste aux sécheresses d'été et profite des pluies d'automne, d'hiver et de printemps, partout où la douceur du climat lui permet de végéter sans interruption pendant cette période. » (Planchon.)

C'est cette admirable continuité de végétation qui fait comprendre la fabuleuse rapidité de croissance de l'*Eucalyptus*. Lorsque les racines plongent dans un terrain frais et fertile, comme au Hamma, près d'Alger, la croissance en hauteur des jeunes sujets peut atteindre en moyenne $0^m,50$ par mois. (Hardy.) Dans ces conditions favorables, les *E. globulus* atteignent facilement, en quatre ou cinq ans, une hauteur de 10 à 15 mètres ; mais il est à remarquer qu'à partir de la sixième année leur croissance en élévation se ralentit au point que, sauf quelques exceptions, ceux d'un âge double, c'est-à-dire de dix ans, ne mesurent que de 25 à 30 mètres. (Cordier.)

Sénégal. — L'*Eucalyptus*, introduit au Sénégal depuis plus de sept ans, grâce à des envois de graines faits par M. Ramel, y croît à merveille. Semé en place, il se développe avec sa vigueur ordinaire, et donne des pousses de 7 à 8 mètres en une saison de neuf mois. Son feuillage coriace et rempli d'huile essentielle paraît le mettre à l'abri des attaques des sauterelles, qui ravagent parfois notre colonie [1].

Angleterre. — Nous ne saurions passer sous silence un fait des plus remarquables de résistance au froid observé sur un jeune *Eucalyptus globulus* cultivé en Angleterre sur les bords de la Tamise. Cet arbre, âgé d'un an, laissé en pleine terre pendant l'hiver de 1859-1860, y supporta une température de 15 degrés centigrades, sans éprouver d'autre dommage que d'avoir l'extrémité de ses branches gelée. « A la reprise de la pousse, disait un botaniste anglais témoin du fait, l'*Eucalyptus* présentait, par l'abondance de ses nouveaux jets, un des plus jolis phénomènes de végétation que l'on puisse voir [2]. »

Brésil. — M. Frederico Albuquerque, qui poursuit si activement à Rio-Grande do Sul l'introduction des

[1] *Bulletin de la Société d'acclimatation*, 1865, p. 48.
[2] M. Ramel, l'*Eucalyptus globulus de Tasmanie*, p. 5. — Paris, 1861-1870.

végétaux étrangers, y cultive avec succès plusieurs espèces d'*Eucalyptus*. Il considère ces arbres comme appelés à devenir, dans un avenir très-prochain, une source de richesse pour le Municipio (ou ressort de la municipalité) de Rio-Grande, vaste territoire d'au moins 200,000 hectares, entièrement dépourvu de bois. Des sujets mis en pleine terre au mois de décembre 1868 se sont développés avec une vigueur extraordinaire, bien que plantés dans du sable presque pur. Au bout de dix-huit mois, un *E. globulus* avait déjà 37 centimètres de circonférence à la base. Les *E. fissilis*, *obliqua*, *piperita*, etc., ont donné une végétation également très-satisfaisante, quoique un peu moins rapide.

ÉGYPTE. — C'est en 1865 que les premiers semis d'*Eucalyptus* furent faits au jardin d'acclimatation du Caire, par M. le professeur Gastinel-bey, avec des graines offertes par M. Ramel. Au bout de six mois les jeunes plants avaient 1 mètre de hauteur; aujourd'hui ce sont des arbres de 12 à 15 mètres. La plupart ont été transplantés dans les jardins vice-royaux, et partout ils justifient par leur force de végétation l'engouement dont ils sont l'objet. On en trouve aussi dans les jardins de S. E. Aly-Pacha-Chérif qui ont le même âge et qui ont atteint le même développement. Son Altesse le khédive, appréciateur éclairé des choses utiles, tient beaucoup à propager la culture des ces arbres : dans ses jardins de Ghézireh et de Gyseh, il existe déjà plus de 200,000 *Eucalyptus globulus* et quelques milliers d'*E. gigantea*, destinés à devenir le premier noyau d'importantes plantations projetées sur div

Nous avons déjà parlé de l'expérience, intére plus d'un titre, faite sur l'*Eucaylptus* par M. Delch lerie, chef jardinier du khédive : l'incision longitud nale de l'écorce, pratiquée dans le but de diminuer l'étreinte que les couches corticales font subir à l'arbre, et de permettre un plus rapide accroissement en diamètre. Cette expérience a été renouvelée par M. comte de Maillard de Marafy, qui en a obtenu de résultats. « J'ai appliqué l'incision longitudinale il[1], en ayant soin de laisser des lacunes de quelques millimètres. En moins de cinq semaines, il s'était formé deux bourrelets puissants et soudés l'un à l'autre, les deux lèvres primitives s'étant éloignées de 4 millimètres environ. Leslacunes s'étaient fendues : l'arbre, loin de souffrir de l'opération, l'avait ainsi complétée de lui-même et par la seule expansion de la force nouvelle qui lui avait été communiquée.

« Il résulte de cette expérience que l'incision longitudinale pratiquée sur l'*Eucalyptus* a pour con séquence d'accélérer la croissance de la t circonférence, et par là d'éviter l'emploi des tu économie de temps et d'argent. »

M. Gastinel pense qu'on pourrait faire, avec de grandes chances de succès, des plantations d'*Eucalyptus* dans les sols sablonneux de la zone maritime égyptienne. A défaut d'arrosement, les pluies sont fréque dans cette région ; en outre, l'atmosphère étant toujours saturée d'humidité, les arbres trouveraient

[1] *Egypte agricole*, juin 1870, p. 8.

dans ce milieu un principe de nutrition qui suffirait peut-être à leur développement. M. Gastinel conseille également de propager les *Eucalyptus* dans les régions marécageuses du haut Nil, afin d'assainir cette contrée si riche d'avenir. « On peut affirmer sans crainte d'erreur, dit M. de Marafy, que la culture de ces arbres est destinée à prendre un rang très-considérable dans les productions de l'Égypte ; leur puissance en végétation ne laisse rien à désirer, même dans les terres salines, où le plus grand nombre des autres plantes ne prospèrent qu'à l'aide de procédés spéciaux. Le *diamant des forêts*, comme les Anglais appellent l'*Eucalyptus*, sera, dans quelques années, la richesse autant que la salubrité de la zone du littoral égyptien. »

Espagne et Portugal. — La culture des *Eucalyptus* est aujourd'hui répandue dans presque toute la Péninsule. Ce n'est point d'ailleurs seulement au point de vue de la production du bois que l'on attache un très-grand prix à la multiplication de l'*Eucalyptus* en Espagne : dans beaucoup de localités, c'est surtout à cause de ses propriétés fébrifuges que l'on en plante, et M. Malingre estime que les vertus thérapeutiques de l'arbre, actuellement bien connues dans toute la Péninsule, contribueront plus que toute autre cause à sa rapide propagation ; il cite un village de la province de Cadix, où le conseil municipal discuta gravement si l'on donnerait ou non, pour un fiévreux, quelques feuilles du seul *Eucalyptus* qui existât dans la commune, et la question ne fut tranchée affirmativement que sur la déclaration du médecin qui considérait ce remède comme indispensable : le lendemain le patient était guéri. A Cordoue, pendant quelque temps, les jeunes *Eucalyptus* plantés par l'administration municipale étaient gardés jour et nuit, et il fallait un bon délivré par le maire pour en obtenir des feuilles.

Pendant le rude hiver de 1870-1871, les *Eucalyptus* ont eu, à Madrid, leurs jeunes rameaux atteints par la gelée ; mais les tiges de trois ou quatre ans résistèrent au froid, et fournirent de nouvelles pousses vigoureuses au printemps. Quant aux plantations des provinces du midi, qui n'ont nullement souffert, elles continuent à prospérer admirablement.

En Portugal, l'*Eucalyptus* est peut-être encore plus en faveur qu'en Espagne. Il résulte de renseignements qui nous sont adressés personnellement des environs de Lisbonne, que les populations des campagnes comprennent déjà parfaitement tout l'avenir réservé à cette magnifique essence dans un pays où le manque d'arbres se fait généralement sentir. Déjà d'importantes pépinières sont en état de livrer des quantités considérables de sujets, et l'on pense que sous peu elles ne suffiront plus aux demandes qui affluent de toutes parts. La belle promenade du Campo-Grande près Lisbonne possède aujourd'hui de nombreux massifs d'*Eucalyptus* de diverses espèces. Comme en Espagne, on se préoccupe beaucoup en Portugal des propriétés fébrifuges de ces arbres, et l'industrie utilise déjà leur écorce pour le tannage des peaux.

INFLUENCE

DES

EUCALYPTUS SUR LES MIASMES PALUDÉENS

Lorsque M. Ramel appela pour la première fois l'attention publique en Europe sur l'immense valeur de l'*Eucalyptus* comme essence forestière, il n'omit point de signaler une des propriétés les plus précieuses de ce bel arbre : son action sur les miasmes paludéens. Accueillie d'abord avec une certaine méfiance par quelques personnes, cette assertion ne tarda pas cependant à s'affirmer par des faits, et, longtemps avant que de savantes recherches nous fissent connaître les vertus thérapeutiques des feuilles d'*Eucalyptus* et de leur essence, on reconnaissait l'influence bienfaisante qu'exerce le végétal dans les localités où les exhalaisons du sol engendrent la fièvre paludéenne. » Il faudrait, en Algérie, pouvoir entourer d'*Eucalyptus* les habitations et les villages, afin d'en faire des remparts contre la fièvre, » écrivait M. Hardy en 1865.

Ce qui n'était alors qu'un vœu, est aujourd'hui

un fait accompli sur beaucoup de points. Nous mentionnerons seulement ici les résultats vraiment merveilleux obtenus par M. Saulière au moulin de la Maison-Carrée, à la ferme de Ben-Machydlin et à l'usine du Gué de Constantine. Il y a quatre ou cinq ans à peine, ces trois grandes exploitations étaient connues par leur insalubrité ; le voisinage de marais, d'où s'exhalaient de pernicieuses effluves, en rendaient positivement le séjour impossible, à certaines époques de l'année. Des plantations importantes d'*Eucalyptus*, faites par les soins de M. Saulière, en ont si heureusement modifié les conditions hygiéniques, que le personnel des ouvriers, naguère constamment éprouvé par les fièvres, n'en présente plus aujourd'hui un seul cas. Tout en protégeant les cultures voisines contre la trop grande violence des vents, les arbres ont absorbé l'excès d'humidité du sol et fait disparaître toute trace de marécage[1]. Un aussi prompt résultat surprend moins quand on se souvient de la force considérable d'absorption par les racines et d'élimination par les feuilles dont sont doués les *Eucalyptus*[2], et qui leur était indispensable pour four-

[1] Pareil fait s'est également produit à Aïn-Mokra et sur les bords du lac Fezzara. Naguère encore le village d'Aïn-Mokra était particulièrement malsain. Le détachement qu'on y envoyait devait être relevé tous les cinq jours, à cause du grand nombre d'hommes qui tombaient malades à partir du mois de juin, époque à laquelle les émanations devenaient pestilentielles. La localité dont nous parlons est le centre d'une grande exploitation de fer magnétique, nommée Mokta-el-Hadid. Tous les employés de cette compagnie étaient atteints de la malaria ; les baraques des cantonniers sur les bords du lac Fezzara étaient inhabitables.

Depuis l'importation de l'*Eucalyptus* dans cette région, le pays, inhabitable pendant l'été, s'est assaini d'une façon merveilleuse.

[2] M. Trottier a mis cette propriété en évidence par des expériences intéressantes. En juin 1867, il plaça une branche d'*Eucalyptus* dans

nir les éléments de leur prodigieuse croissance. Cette propriété simultanée d'absorber et d'éliminer énergiquement fait de ces arbres de véritables appareils d'épuration, qui empruntent au sol ses carbures hydratés et les rendent à l'atmosphère en vapeurs balsamiques et oxigénées. (Dr Gimbert.)

Les faits constatés en Algérie sont d'ailleurs en parfait accord avec les observations faites de temps immémorial dans la patrie d'origine des *Eucalyptus.* On sait que dans les Flinders et les parties australes de la Tasmanie, qui abondent en *Eucalyptus*, les fièvres intermittentes sont complétement inconnues, tandis qu'elles déciment les populations australiennes dans les localités humides et chaudes, où manque cette précieuse espèce végétale. M. le docteur A. Gubler croit pouvoir en conclure[1] que les émanations aromatiques des *Euca-*

un vase plein d'eau au sein d'une pièce voûtée ; cinq jours après, les feuilles étaient flétries et le vase vide.

L'expérience fut répétée le 20 juillet 1868, en plein air. A six heures du matin, il plaça une branche d'*Eucalyptus* dans un vase profond de 30 centimètres et large de 16 à son orifice. Cette branche, mise au soleil, pesait le matin 800 grammes ; à six heures du soir, l'eau du vase avait perdu 2 kilogrammes 600 grammes, et la branche pesait 825 grammes. Il y eut ce jour 48 degrés de température, de sorte que la chaleur avait contribué à la déperdition de l'eau. Un second vase de la même contenance et de la même force que le premier, soumis à l'évaporation seule, perdit dans le même temps 208 grammes, de telle façon qu'en douze heures l'*Eucalyptus* absorba trois fois son poids d'eau et en élimina une grande partie [1].

M. Régulus Carlotti, d'Ajaccio, ayant mis 25 kilos de feuilles d'*Eucalyptus* en macération dans 22 litres d'eau, au bout de vingt-quatre heures, le liquide avait augmenté d'un litre et demi. Les feuilles s'étaient donc dépouillées d'une partie de leur eau de végétation [2].

1 *Sur l'Eucalyptus globulus et son emploi en thérapeutique.* Paris, 1871.

[1] *Boisement dans le désert et colonisation*, p. 8.

[2] *Du mauvais air en Corse.* — Ajaccio, 1869.

lyptus neutralisent les effluves des marais avoisinants; et, pour quiconque sait le pouvoir toxique des huiles essentielles sur les êtres les plus bas placés dans l'échelle zoologique, cette opinion devient très-plausible, si l'on admet, avec l'éminent professeur, que les miasmes palustres sont plutôt d'origine animale que végétale, et qu'ils sont constitués par des organites éminemment accessibles à l'influence nocive des essences aromatiques. A ce point de vue, les *Eucalyptus* agiraient encore en abritant les terrains inondés contre les ardeurs du soleil, si favorables à la genèse des êtres microscopiques. En outre, les dépouilles de leur feuillage et de leur écorce, toujours en desquamation comme celle du platane, assainiraient les eaux où baignent leurs pieds, puisqu'on peut en boire impunément, au dire de voyageurs, tandis qu'il serait imprudent d'user d'autres eaux stagnantes dans les mêmes régions. Au surplus, nous avons vu que ces arbres ne tardent pas à faire disparaître les marécages eux-mêmes, tant en exhaussant le sol par les débris qu'ils y accumulent qu'en épuisant l'eau par leur énergique absorption, en rapport avec leur végétation rapide ainsi qu'avec la multitude énorme de stomates dont les feuilles sont criblées.

« Quelle que soit, au reste, l'interprétation du fait, dit M. Gubler[1], l'immunité dont jouissent, par rapport à la fièvre intermittente, les contrées couvertes d'*Eucalyptus*, est certainement due à la présence de ces arbres embaumés, dont la propagation intéresse par consé-

[1] *Loc. cit.*

quent l'hygiène au même degré que l'industrie, et nous nous associons à l'appel chaleureux fait à l'État et à l'initiative privée par MM. Carlotti, Hardy et quelques autres hommes préoccupés des intérêts généraux, à l'effet d'étendre autant que possible les plantations d'*Eucalyptus* dans les localités marécageuses et insalubres de la Corse et de l'Algérie. »

L'EUCALYPTUS

DANS LA THÉRAPEUTIQUE

Peu après l'introduction de l'*Eucalyptus* en Algérie et en Espagne, sa rapide propagation permit de constater sur une grande échelle ses propriétés fébrifuges, dont la connaissance devint bientôt populaire, et qui lui valurent même, dans la péninsule ibérique, le nom d'*arbre à la fièvre*. On doit à M. le docteur Tristany les premiers renseignements précis sur ce sujet[1]. A ses affirmations autorisées vinrent bientôt se joindre les témoignages non moins sérieux de notre honorable confrère M. Malingre ; de M. Ahumada, directeur du haras d'Aranjuez (1867) ; de M. Renard, grand industriel, qui tous s'accordent à présenter sous le jour le plus favorable les propriétés fébrifuges de l'*Eucalyptus globulus*. Il semble que, dans les provinces de Valence, de Cadix, de Séville et de Cordoue, où l'*arbre à la fièvre* s'est beaucoup répandu, le succès soit la règle, presque sans exception.

« C'est surtout dans les cas rebelles à la quinine et

[1] *El Compilador medico*, 1865.

aux autres fébrifuges, dit M. Malingre[1], que les feuilles d'*Eucalyptus globulus* produisent des résultats merveilleux et vraiment incroyables. J'ai vu des personnes atteintes de fièvres intermittentes depuis plusieurs années, c'est-à-dire dont les accès se reproduisaient périodiquement, sans qu'elles pussent jamais obtenir une guérison complète; leur vie paraissait comme menacée. Grâce à ce traitement, elles ont repris toutes les apparences de la santé, de la force et de la vigueur. »

« A son tour, dit M. le professeur Gubler[2], M. Ahumada s'exprime en ces termes : « Je puis vous assurer « que l'infusion des feuilles de l'*Eucalyptus globulus* « dans le traitement des fièvres intermittentes produit « des résultats merveilleux; si vous pouviez voir la « grande affluence des gens qui viennent chez moi « chercher ce remède et le désespoir de ceux à qui je « ne puis donner de feuilles parce que mes arbres sont « déjà complétement dépouillés, vos doutes se dissi- « peraient bien vite. »

D'autre part, les observateurs algériens tiennent un langage non moins favorable, et l'on signale de tous côtés des guérisons par l'*Eucalyptus* obtenues même dans des cas de fièvres rebelles au quinquina.

En Allemagne, on a fait plusieurs expériences avec la teinture des feuilles, et on en a obtenu de bons résultats[3]. A Leipzig, dans plusieurs villes d'Autriche,

[1] Lettre au président de la Société d'acclimatation. Séville, 24 novembre 1867.

[2] Leçons professées à l'École de médecine les 20 et 22 juillet 1871.

[3] « Le docteur Larinser (à Vienne) l'a donnée à 53 malades atteints de fièvre intermittente, parmi lesquels 43 ont guéri complétement. Sur onze de ces malades, sur lesquels la quinine n'avait

sur les bords malsains du Danube, dans la Roumanie, les mêmes tentatives ont été couronnées du même succès.

Il en est de même en Corse, où les cas fréquents de fièvres intermittentes ont permis à M. le docteur Régulus Carlotti, d'Ajaccio, de faire de nombreuses observations sur ce grave sujet. On lui doit un fort remarquable *Mémoire sur l'action thérapeutique et la composition élémentaire de l'écorce et de la feuille de l'Eucalyptus globulus* (1869), où, s'appuyant à la fois sur ses propres expériences et sur celles de M. le docteur Tedeschi, médecin distingué de Corte, il se montre très-affirmatif pour les succès obtenus. D'après lui, non-seulement l'*Eucalyptus* guérit habituellement, mais c'est dans les cas rebelles qu'il semble manifester des avantages bien marqués sur le sulfate de quinine.

Enfin, M. le docteur Gimbert, de Cannes, qui poursuit depuis 1865 les plus sérieuses recherches sur les propriétés physiologiques et thérapeutiques de l'*Eucalyptus*, se loue beaucoup de l'emploi de ce nouvel agent. « C'est une heureuse trouvaille pour la médecine, nous écrivait-il dernièrement, et les magnifiques résultats que j'ai obtenus placent l'*Eucalyptus* au rang des grands médicaments connus[1]. »

C'est grâce aux procédés d'investigation mis en pra-

donné aucun résultat, neuf furent radicalement guéris par la teinture d'Eucalyptus. » (Docteur Brunel, *Observations cliniques sur l'Eucalyptus globulus.*)

[1] Les préparations d'*Eucalyptus* employées de préférence sont : l'essence, la poudre de feuilles, l'eau distillée de feuilles, l'extrait alcoolique, etc.

L'essence, ou *Eucalyptol*, s'administre à la dose de quelques

tique par MM. Claude Bernard, Robin, Vulpian et les autres maîtres de la physiologie expérimentale, que M. Gimbert est parvenu à préciser les effets de l'essence d'*Eucalyptus* sur les organes vivants et à démontrer son importance en thérapeutique. Cette substance diminue les pouvoirs réflexes de la moelle, ralentit les combustions organiques, la respiration, facilite néanmoins l'élimination de l'urée, stimule le grand sympathique et la circulation capillaire, et s'élimine par la vessie et le poumon : de là son utilité dans une foule d'affections où il s'agit de tempérer, d'amoindrir les états physiologiques contraires ou de modifier localement le poumon ou la vessie[1].

D'un nombre considérable d'observations il résulte pour M. le docteur Gimbert que, par son action sur la sensibilité réflexe de la moelle et sur la respiration, l'essence d'*Eucalyptus* soulage les asthmatiques, calme la toux dans un grand nombre d'affections pulmonaires, guérit des algies réflexes et serait à coup sûr

gouttes ou de quelques grammes, suivant les circonstances, soit en pilules, soit enfermée dans des capsules.

La poudre de feuilles, qui renferme la totalité des principes actifs (tannin, résine, principe amer et essence), paraît agir autant par le tannin qu'elle contient que par l'essence.

L'extrait alcoolique forme la base de pilules stimulant très-avantageusement, dans certains cas, les fonctions de l'estomac.

La teinture alcoolique est employée comme fébrifuge et comme hémostatique.

Les cigares sont utiles dans les toux spasmodiques et dans l'asthme. M. Prosper Mérimée a fait usage pendant trois ans de cigarettes d'*Eucalyptus* et s'en trouvait fort bien pour calmer son oppression.

Les eaux distillées sont employées en inhalations, en injections et pour la toilette.

[1] Docteur Gimbert, l'*Eucalyptus globulus, son importance en agriculture, en hygiène et en médecine*. Paris, 1870.

très-efficace dans le tétanos réflexe et dans toutes les algies et convulsions, spasmes de cette nature, tels que toux, coqueluche, chorée, etc.

L'*Eucalyptus*, sortant par la vessie, a guéri ou modifié des catharres vésicaux ; facilitant l'élimination de l'urée, il serait applicable dans toutes les formes de l'urémie, dans la fièvre de tout type, dans le rhumatisme chronique et la goutte.

Comme stimulant de la circulation capillaire, il a été utile dans un grand nombre d'états morbides du poumon, les congestions sanguines et passives du cerveau, du poumon et de tous les autres organes. Employé comme antiseptique, il sera très-utile dans les fièvres putrides, les suppurations fétides, les plaies de mauvaise nature [1].

Enfin, il rend tous les jours des services dans les affections périodiques ; et, si M. Gimbert n'a point eu occasion de traiter par lui des fièvres intermittentes, il a, par contre, très-bien guéri les névralgies intermit-

[1] « Mélangée à de l'albumine, de la fibrine que l'on vient de retirer des veines, l'essence d'*Eucalyptus* en empêche la décomposition ; injectée dans les veines d'un animal, elle en prévient ou retarde la putréfaction pendant longtemps, bien différente en cela de la térébenthine, dont l'effet n'est que passager. Nous conservons des caillots de sang de lapins et de rats injectés à l'essence depuis trois mois : ils ne sont point altérés ; leurs tissus sont desséchés, momifiés, et exhalent le parfum d'*Eucalyptus*. Quelques gouttes d'essence répandues dans un appartement corrigent les émanations désagréables qu'il peut y avoir et laissent des traces pendant plusieurs jours ; nous l'avons employée avec succès dans les embaumements.

« Les chimistes, les industriels pourraient donc, en l'incorporant à une autre substance qui atténuerait son odeur forte sans l'altérer, s'en servir comme correctif des odeurs incommodes, des miasmes des appartements et des fermentations organiques de toutes sortes. » — Docteur Gimbert, *loc. cit.*

tentes, alors qu'il administrait en vain l'*Eucalyptus* dans les névralgies continues.

« En définitive, les affections contre lesquelles le nouveau médicament manifeste toute sa puissance sont précisément celles qu'on rencontre dans les stations hivernales de la Provence et des Alpes-Maritimes, du Roussillon, de la Corse et de l'Algérie, c'est-à-dire là où prospère déjà l'*Eucalyptus globulus* : si bien que, dans quelques années, les nombreux malades qui fuient les rigueurs de nos hivers trouveront dans ces régions favorisées non-seulement un climat plus doux, mais encore un remède excellent, répandu autour d'eux à profusion [1]. »

[1] Docteur Gubler, *loc. cit.*

PRODUITS DIVERS DES EUCALYPTUS

Bois. — En passant en revue les principales espèces d'*Eucalyptus*, nous avons déjà signalé plusieurs d'entre elles comme fournissant des bois éminemment propres aux constructions navales par leur extrême solidité et leurs grandes dimensions. Presque toutes les autres produisent des bois excellents pour les travaux de charpente, de carrosserie, d'ébénisterie, et toujours caractérisés par leur grain plus ou moins fin et serré, par leur densité très-grande et d'autant plus remarquable qu'il s'agit de végétaux à croissance rapide.

Les propriétaires algériens qui déjà font usage de bois d'*Eucalyptus globulus* de quatre ou cinq ans d'âge, reconnaissent dans ces jeunes arbres une partie des précieuses qualités qui caractérient leur espèce en Australie. Il est possible toutefois que, transportés si loin de leur habitat naturel, les *Eucalyptus* subissent quelques modifications dues au changement de milieu. Même en Australie, on constate, en effet, des différences dans l'aspect et la qualité de ces bois, suivant leur lieu de provenance. On sait que, vue au microscope, la matière ligneuse des *Eucalyptus* présente, dans la disposition des cellules de gomme-résine qu'elle renferme, des caractères tout particuliers et qui, s'ils étaient bien étudiés, serviraient très-efficacemment à déterminer les espèces et permettraient, dans l'industrie, d'éviter toute erreur sur la qualité du bois. Eh bien! si l'on compare l'*Eucalyptus à écorce de fer* (l'*Iron-bark*, *E. sideroxylon*) du territoire de Victoria avec le même bois tiré de la Nouvelle-Galles du Sud, on trouve que ce dernier présente dans ses fibres ligneuses une quantité relativement peu considérable de cellules à gomme-résine; ces cellules y sont ordinairement disposées sur une seule ligne, rarement en doubles séries, et présentent une couleur rouge vermeil foncé. Dans le bois provenant de Victoria, les cellules sont, au contraire, excessivement abondantes, presque toujours groupées sur deux lignes, et d'une teinte plutôt orangée que rouge, bien que l'on en trouve quelques-unes isolées de cette dernière couleur. Chez les deux bois, du reste, le tissu vasculaire est en quelque sorte noyé dans la substance résineuse extravasée, comme si une compression ou un déplacement avait amené la rupture des réservoirs propres [1]. Cette différence d'aspect du bois dans une même espèce, selon la provenance, mérite d'autant plus d'être signalée, que les charrons

[1] Un caractère propre à tous les bois durs de l'Australie, c'est qu'étant équarris ou débités en planches, voliges, etc., et exposés pendant quelque temps à l'action de l'air, ils acquièrent encore de la solidité; leur dureté augmente et ils deviennent beaucoup plus difficiles à travailler, à tel point que les charpentiers sont obligés d'aiguiser constamment leurs outils. Cette qualité est due probablement à l'augmentation de la densité du bois, et surtout aussi à la solidification par oxygénation de la gomme-résine astringente qu'il renferme en si grande abondance.

savent fort bien établir la distinction entre l'*Iron-bark* de Victoria et celui de Sidney, qu'ils préfèrent à l'autre pour leurs travaux. Quelle part, dans cette qualité du bois, revient à la nature du sol, au climat, à l'exposition de l'arbre pendant sa croissance ou à toute autre cause, c'est ce que des observations faites avec quelque soin pourraient sans doute faire connaître, observations qui auraient une utilité vraiment pratique.

L'abondance des cellules de gomme-résine dans l'*E. leucoxylon* ou *Eucalyptus* bois-de-buis, leurs grandes dimensions et leur couleur citron clair lorsqu'on les regarde en transparence, sont des caractères qui ne permettent pas de confondre ce bois avec d'autres. Il brûle avec une flamme brillante, en dégageant beaucoup de chaleur ; ce qui tient sans doute à la nature de sa gomme-résine, riche en hydrocarbures et contenant peu de tannin.

Chez l'*E. rostrata*, ou Gommier rouge, les cellules de gomme sont d'une magnifique couleur rouge et disposées généralement en séries doubles; l'infiltration résineuse se montre dans toute la masse ligneuse. Comme celui des deux espèces précédentes, ce bois est rangé parmi les plus durables : il ne serait pas sans intérêt de rechercher le rôle que joue dans sa conservation la grande quantité de gomme-résine qu'il renferme.

La durée du bois est une question de première importance lorqu'il sagit de constructions maritimes, telles que : embarcadères, quais, jetées, etc., à cause du prix ordinairement très-élevé de ces constructions et des attaques dont elles sont l'objet de la part des Tarets et autres mollusques perforants. Or aucun bois connu jusqu'ici, sauf celui de l'*E. marginata*, ne paraît à l'abri de ces attaques, et il est à remarquer que c'est précisément, de tous les *Eucalyptus*, celui chez lequel les cellules à gomme-résine sont les plus nombreuses et les plus grandes. Considéré au point de vue du nombre des cellules, le bois de l'*E. rostrata* est celui qui vient immédiatement après le *marginata*, et c'est précisément lui aussi qui, après ce dernier, résiste le mieux aux Tarets.

Une précaution indispensable pour la bonne conservation du bois d'*Eucalyptus*, comme pour celui de tous les autres arbres, mais qu'on n'observe pas toujours suffisamment, paraît-il, en Australie, c'est de ne procéder à l'abatage que pendant la saison d'hiver, lorsque la séve est arrêtée[1]. Coupé dans ces conditions,

[1] « Il est une question dont on doit tenir compte dans l'exploitation des bois, dit M. Cordier (*Bulletin de la Société d'agriculture d'Alger*, 1874) : c'est l'époque opportune de la coupe. Suivant l'époque où on abat les arbres, surtout lorsque ces arbres ne sont pas arrivés à maturité, leur bois est plus ou moins durable ; ceux coupés en pleine séve sont particulièrement envahis par les vers, qui se développent entre l'écorce et l'aubier. Il est reconnu que pour le chêne, le moment le plus favorable est celui qui précède de peu le mouvement de la séve. Quel serait donc le moment opportun pour couper les *Eucalyptus* ? Pour nos arbres d'Europe, le temps d'arrêt pour la végétation est bien tranché, puisque leur engourdissement dure cinq à six mois à époque fixe et invariable ; mais il n'en est pas de même des *Eucalyptus*.

« En étudiant nos tableaux de croissance, on peut remarquer que dans certaines années il y a des sujets soumis à nos observations qui n'ont cessé de végéter, puisqu'ils indiquent une augmentation mensuelle dans leur accroissement. Cependant, en prenant les années les unes après les autres et les divers arbres soumis à nos observations, on reconnaît que la végétation est restée stationnaire à deux époques différentes et qui sont les résultats de causes opposées : la chaleur et le froid ; par la sécheresse en août et septembre et par

l'*Eucalyptus* acajou (*E. marginata*) est un bois véritablement inusable; le seul raproche qu'on puisse lui faire, c'est d'avoir parfois une prédisposition à se fendre, les vieux arbres étant assez souvent cariés au cœur. M. James Manning, à qui l'on doit d'excellents renseignements sur ce bois, conseille, pour les constructions sous-marines, de l'employer, soit rond, soit simplement équarri, mais non fendu : car la partie tout à fait centrale de l'arbre est moins résistante que les couches supérieures du vrai bois ou *duramen*, et elle pourrait n'être point tout à fait à l'abri de la dévastation des Tarets; tandis qu'en enlevant seulement l'aubier, et en employant le tronc dans son entier, on a un bois défiant non-seulement les injures du temps, mais aussi les attaques des mollusques térébrants, ainsi que des Termites et de tous les insectes xylophages.

Grâce à son grain très-serré, qui le rend susceptible d'un beau poli, le bois de presque tous les *Eucalyptus* peut être fréquemment employé dans l'ébénisterie; quand il est bien choisi, il présente des veines d'un très-joli effet. Ce sont surtout les volumineuses excrois-

l'abaissement de la température en janvier et février. Nous avons fait couper des *Eucalyptus* à chacune de ces époques, que nous croyons être les plus favorables, mais nous ne pouvons encore rien affirmer. Nous continuerons nos expériences, et nous engageons les personnes qui auront à couper des *Eucalyptus* à faire des observations et à en faire connaître le résultat.

« Les bois ne devraient être employés que lors de leur dessiccation complète : autrement ils se tourmentent et sont d'un mauvais usage; mais nous sommes pressés de jouir. Lorsque nous voulons faire usage des bois d'*Eucalyptus* récemment coupés, nous les faisons jeter dans un bassin où ils restent submergés pendant deux mois, puis ensuite sécher à l'abri du soleil et nous nous en trouvons bien : leur tendance à se tordre est moins grande. »

sances qui se développent fréquemment sur le tronc et la racine des *E. rostrata* et *marginata*, dont on peut tirer le meilleur parti ; elles sont presque toutes très-agréablement nuancées et *moirées*.

Dans certaines parties de l'Australie, notamment dans la colonie de Victoria, où la houille est fort rare, on la remplace généralement dans l'industrie par le bois de l'*Eucalyptus*. Les chemins de fer surtout en font une consommation effrayante. L'*E. rostrata* (*Red-gum*), en raison de son abondance, est le plus employé ; et, s'il brûle moins facilement et avec moins de flamme que quelques autres bois, sa braise conserve longtemps beaucoup de chaleur. Le charbon qu'on en obtient est très-estimé des fondeurs et des affineurs d'or, ainsi que pour une foule d'autres arts industriels.

Le bois des *White-gums* (*E. leucoxylon, Stuartiana-viminalis*, etc.), et des *Stringy-bark* (*E. obliqua, gigantea, microcorys*), est de beaucoup inférieur, comme combustible, à celui de l'*E. rostrata*, bien qu'il soit aussi très généralement employé. Celui de l'*E. longifolia* est plus estimé.

On doit à M. le docteur Mueller d'utiles recherches alcalimétriques sur les cendres du bois d'*Eucalyptus*, qui paraissent plus riches en potasse que celles de l'orme et de l'érable, les plus estimées à ce point de vue en Amérique. Le rendement de ces dernières n'est guère évalué qu'à 10 p. 100, tandis qu'il peut s'élever jusqu'à 21 p. 100 pour les cendres d'*Eucalyptus*.

Les produits de la distillation ou carbonisation en vase clos du bois d'*Eucalyptus* sont ceux qu'on obtient d'ordinaire par cette opération avec tous les autres bois : acide pyroligneux, goudron, esprit pyroxylique (alcool méthylique), résidus charbonneux, etc. Outre ces diverses matières pyrogénées, solides ou liquides, on recueille certains produits gazeux, plus ou moins abondants, selon les éléments constitutifs du bois[1]. Les feuilles et les jeunes branches de plusieurs espèces, no-

[1] M. Hugh Gray, de Ballarrat, s'est beaucoup occupé de cette question de la distillation des bois, notamment de ceux des *White-gums*.

En opérant sur 100 onces de bois à peu près sec, il obtint par une première distillation :

Charbon de qualité supérieure	24
Acide pyroligneux	54
Goudron	7
Substances gazeuses	15
	100

Une rectification énergique des 54 onces d'acide pyroligneux donna :

Alcool méthylique	»	1/2
Acide pyroligneux	50	»
Goudron	3	1/2
	54	»

Voici, d'après M. Hoffmann, les résultats de la distillation du bois sec de quatre espèces d'*Eucalyptus* :

	EUCALYPTUS LEUCOXYLON.	EUCALYPTUS ROSTRATA.	EUCALYPTUS OBLIQUA.	EUCALYPTUS GLOBULUS.
Charbon	28 500	29 250	29 125	28 750
Vinaigre de bois	44 875	41 125	43 750	45 500
Goudron	6 312	6 687	6 062	6 250
Gaz	20 313	22 938	21 063	19 500
	100 000	100 000	100 000	100 000

Ces résultats prouvent qu'on peut obtenir facilement et sans grands frais d'abondants produits d'une valeur commerciale réelle, en utilisant ainsi tout ce qui n'est pas susceptible de servir comme bois de construction ou autrement. Inutile d'ajouter que les chiffres

lamment, de l'*E. oleosa*, sont particulièrement riches en hydrocarbures et sont employées parfois, comme à Kyneton, par exemple, dans la préparation du gaz d'éclairage. On ne possède point de renseignements bien exacts sur la qualité et la quantité du gaz ainsi obtenu; mais ce produit semble avoir son importance, puisqu'on s'est occupé à perfectionner les procédés de fabrication et que la production en est assez abondante pour suffire à tous les besoins de la localité.

ÉCORCES. — Il a été fait mention plus haut du parti que l'industrie peut tirer des écorces d'*Eucalyptus* pour la fabrication du papier. Ce n'est point la seule application dont elles soient susceptibles. Nous savons qu'en Australie, ainsi qu'en Espagne et en Portugal, on les utilise sur une très-large échelle pour le tannage des peaux[1]. Presque toutes, en effet, sont douées de pro-

indiqués ci-dessus ne sauraient être considérés comme invariables. Ils doivent différer sensiblement selon le lieu de provenance des bois, la nature du terrain où l'arbre a végété, l'époque de l'année à laquelle l'abatage a eu lieu, etc. En outre, le degré de chaleur auquel le bois est soumis pendant la distillation, aussi bien que la rapidité plus ou moins grande avec laquelle l'opération est conduite, exerce une grande influence sur les résultats.

[1] « L'écorce superficielle de l'*Eucalyptus* se détache annuellement, comme celle des platanes, et tandis que celle-ci ne contient aucun principe utilisable, celle de l'*Eucalyptus* possède assez de tannin pour être utilisée dans la tannerie, même lorsqu'elle a passé l'hiver sur le sol. Par la distillation, on en retire de la résine et du goudron. L'écorce non caduque est très-tenace et imputrescible. J'en ai conservé dans l'eau pendant près d'un an, en la soumettant à des battages fréquents, sans qu'elle ait pu se corrompre; elle est passée à l'état d'étoupes enchevêtrées et très-tenaces, propres à faire du carton pour toitures légères, résistant à toutes les intempéries. L'écorce mince qui se détache des jeunes branches se roule facilement en cigarettes, qui brûlent très-bien et qui ont été très-utiles dans les bronchorrhées. » — Docteur Miergues, de Bouffarik, *Science pour tous* du 15 janvier 1870.

priétés astringentes très-énergiques, qu'elles doivent à leur richesse en tannin et aussi sans doute à la présence de plusieurs autres principes encore assez peu définis, mais que l'analyse chimique parviendra bientôt à isoler et à faire connaître. Des recherches sont poursuivies dans ce sens par M. C. Hoffmann, au laboratoire de chimie végétale, annexe du jardin botanique de Melbourne. Tout en s'occupant de doser l'acide tannique contenu dans les diverses écorces d'*Eucalyptus* (il paraît y être plus abondant que dans celles du chêne ou autres déjà employées dans les tanneries), on cherche à déterminer la valeur industrielle ou thérapeutique des nombreux principes atringents qui accompagnent toutes les gommes-résines produites par ces mêmes arbres. Voici la proportion pour cent d'acide tannique et d'acide gallique contenus dans quelques écorces mises à l'étude. Ces chiffres, résultat d'analyses faites avec le plus grand soin, sont d'une scrupuleuse exactitude.

	Acide tannique.	Acide gallique.
E. Stuartiana............	4.6	0.7
E. longifolia.............	8.3	2.8
E. corymbosa.............	2.7	0.8
E. odorata...............	20.4	0.8
E. dealbata..............	4.9	0.4

Il ne faut pas oublier toutefois que le lieu de provenance doit exercer une influence très-grande sur la composition chimique de l'écorce, qui peut ainsi présenter des différences quantitatives tout à fait radicales. Ainsi, d'après les analyses de M. Cloëz, le tannin est à peine sigalé, au moyen de la réaction par les persels de fer et la solution de gélatine, dans les *Eucalyptus* nés au jardin des plantes de Paris, tandis qu'en Égypte, M. Maillard de Marafy l'a trouvé assez abondant pour affirmer que son importance primera celle des autres produits accessoires de l'arbre. Des feuilles d'*E. globulus*, prises dans sa plantation de Zyba, près d'Alexandrie, et pulvérisées à la manière des Sumacs, lui ont donné, à la dose du Sumac de Sicile, — le meilleur du commerce, — des noirs intenses sur coton et sur laine, qui ne laissent rien à désirer [1].

[1] « Je ne saurais assez attirer l'attention des possesseurs de forêts d'*Eucalyptus* sur cette nouvelle source de revenu, dit M. de Marafy. Il est évident que la simplicité de l'opération et la permanence du produit permettront facilement aux propriétaires d'attendre sans trop d'impatience la coupe des futaies. Et, au moment de l'abatage de la forêt, quel revenu ! La feuille et le menu branchage ne seront plus un produit accessoire, et rivaliseront peut-être avec le rendement du bois.

« J'ajouterai que l'exploitation des feuilles et branches d'*Eucalyptus* en *sumac* influera probablement beaucoup sur la manière de propager l'*Eucalyptus*; voici pourquoi :

« On lui reproche avec quelque raison, surtout au *globulus*, de porter difficilement sa tête, en raison de la grande flexibilité de son ligneux : aussi, pour remédier à cet inconvénient, a-t-on recours quelquefois à un moyen sûr mais coûteux, qui consiste à planter serré, sauf à éclaircir plus tard. Ce mode opératoire, justifié par de grands succès en Algérie, a le très-grave défaut, en forçant à éclaircir, de sacrifier ainsi chaque année nombre de sujets. Or la graine est beaucoup trop chère pour en perdre ainsi volontairement. Avec le débouché si simple et si pratique que j'indique ici, ce qui était une perte sèche devient au contraire une source de revenus sérieux.

« Il y aura donc dorénavant tout avantage à adopter le repiquage à 1 mètre ou plutôt à 50 centimètres. Il est même évident que, lorsqu'on aura de la graine à discrétion et à un prix abordable, ce qu'il y aura de mieux, ce sera de semer à la volée, dans les conditions voulues, en ne laissant peu à peu que les plus beaux sujets.

« Le sumac d'*Eucalyptus* constituera alors un produit très-rémunérateur. » — L'*Eucalyptus* (*Nouvel emploi industriel*). — *Egypte agricole*, 1870, n° 1, p. 7.

FEUILLES (Huiles essentielles, etc.). — M. Cloëz a fait, sur la composition chimique des feuilles de l'*Eucalyptus globulus*, d'intéresantes recherches, dont les résultats ont été consignés dans les procès-verbaux de l'Académie des sciences. Déjà un peu auparavant notre confrère, M. le docteur Sicard, s'était occupé de la même question, et l'on voyait à l'exposition universelle de 1867 divers produits retirés par lui d'un jeune *Eucalyptus* de deux ans, cultivé aux environs de Marseille. Par la distillation des feuilles et des jeunes branches, il a obtenu :

1° Une eau distillée, d'une couleur opaline, d'une saveur amère, très-agréable, et d'un parfum *sui generis* rappelant l'odeur des feuilles froissées, mais beaucoup plus pénétrante ;

2° Une huile essentielle d'une odeur suave, ressemblant à celle de lavande, mais beaucoup plus pénétrante et d'un parfum spécial. « On ne peut la respirer longtemps, dit M. le docteur Sicard, car nous avons éprouvé des migraines très-pénibles après une ou deux fortes aspirations de cette essence. »

3° Une gomme couleur jaune indien, « d'une saveur aromatique agréable, douce en principe, mais amère et styptique au bout d'un instant ; cette sensation se prolonge sur le palais pendant longtemps, quelque petite que soit la quantité de gomme employée. »

Dans une note présentée à l'Académie des sciences en 1870, M. Cloëz, revenant sur le sujet déjà traité par lui, signale la proportion très-forte d'essence trouvée par lui dans les feuilles d'*Eucalyptus* : 10 kilogrammes de feuilles fraîches, enlevées à des tiges atteintes par le froid, à Paris, à la fin de l'année 1867, ont fourni, par la distillation de l'eau, 275 grammes d'essence, soit 2,75 p. 100.

Dans une autre expérience, 8 kilogrammes de feuilles sèches, récoltées depuis un mois environ à Hyères, ont produit 489 grammes d'essence, ou un peu plus de 6. p. 100.

Ce résultat assez remarquable prouve que l'essence emprisonnée dans les feuilles ne se volatilise que très-lentement.

En prenant des feuilles tout à fait sèches, rapportées de Melbourne et conservées depuis cinq années, on a obtenu un peu plus de 1,5 p. 100 d'essence.

Cette huile essentielle n'est pas pure ; mais, en la rectifiant, M. Cloëz a obtenu « un liquide très-fluide, incolore, bouillant régulièrement à 175 degrés. » Ce produit, qui n'est autre chose que l'*eucalyptol*, dont les propriétés médicamenteuses ont été signalées plus haut, peut être considéré comme un produit immédiat pur, distinct par ses propriétés et par sa composition des espèces chimiques connues.

Aspiré par la bouche à l'état de vapeur en mélange avec l'air, l'*eucalyptol* a une saveur fraîche, agréable ; il est peu soluble dans l'eau, mais il se dissout complétement dans l'alcool : cette solution très-diluée possède une odeur analogue à celle de la rose [1].

Antérieurement aux travaux des chimistes français sur les huiles essentielles d'*Eucalyptus*, ces subtances

[1] *Comptes rendus de l'Académie des sciences*, 28 mars 1870, p. 687.

avaient déjà été, en Australie, l'objet de recherches faites au point de vue industriel [1].

Nous trouvons d'excellents renseignements sur ces intéressants produits dans les rapports officiels des expositions intercoloniales de Melbourne en 1861 et 1866-67. Les travaux de MM. Johnson et Bosisto, entrepris sous l'inspiration de M. le docteur Mueller, ont surtout contribué à faire connaître ces huiles essentielles, évidemment appelées à rendre d'importants services à l'industrie, notamment dans la fabrication des vernis. Elles pourraient également servir pour l'éclairage [2]. On trouvera plus loin un tableau comparatif de leur pouvoir éclairant, tableau emprunté, comme tous les renseignements ci-après, au rapport de MM. Coates, Osborne et Ashley, membres du jury de l'exposition de Victoria, en 1861 [3].

[1] Dès 1866, M. Gros, distillateur à Bouffarik, a aussi obtenu de l'huile essentielle d'*Eucalyptus*.

[2] « La feuille (d'*Eucalyptus*), distillée à l'eau, donne une essence qui brûle avec une flamme blanche et sans fumée. Un dixième de cette essence, ajouté à l'huile de colza ou d'olive, augmente considérablement la qualité éclairante de ces huiles.

« Un huitième de cette essence, ajouté à l'alcool, produit un nouvel éclairage brillant et sans fumée. Cette essence a la propriété de dissoudre complétement le caoutchouc, et après, toutes les résines.

« La feuille d'*Eucalyptus* peut servir à tanner les cuirs, qui conservent toujours une odeur agréable; elle cède son principe aromatique et résineux aux huiles fixes.

« Si l'on traite les feuilles par l'alcool et qu'on les distille, on obtient pour résidu une résine qui, dissoute dans une suffisante quantité d'alcool, constitue un vernis très-souple pour cuirs vernis, etc.

« Par la distillation sèche, on obtient une grande quantité d'eau chargée d'acide acétique et un goudron liquide très-utile pour combattre la gale et les autres vermines du bétail... » — Docteur Miergues, *loc. cit.*

[3] *Report on class III. — Indigenous vegetable substances*, p. 26.

Si, chez nous, ces essences ne sont pas encore très-répandues dans le commerce, en Angleterre elles sont déjà utilisées de diverses façons, principalement dans la parfumerie. On en connaît autant que d'espèces d'*Eucalyptus;* mais, comme aspect, elles ne présentent entre elles que des différences peu importantes : on les classe en plusieurs groupes, reposant sur des similitudes d'arome et sur quelques autres caractères communs. Sauf de rares exceptions, elles sont d'une couleur jaunâtre, due à une oléo-résine (produit de leur oxydation) qu'elles tiennent en dissolution ; et il est à remarquer que, plus elles sont pâles, et par conséquent pauvres en oléo-résine, plus elles présentent à un haut degré l'odeur caractéristique du groupe dont elles font partie. Toutes sont obtenues par la distillation à l'eau des feuilles et des très-jeunes rameaux. Nous mentionnerons les mieux connus.

Essence d'E. amygdalina. —L'*E. amygdalina* est une des espèces qui fournissent le plus d'essence : le rendement est d'environ 3 litres pour 100 livres de feuilles ou de jeunes branches. L'huile existe toute formée dans la feuille ; les utricules qui la renferment se voient parfaitement en regardant la feuille en transparence. Cette essence est un liquide clair, transparent, d'un jaune pâle, d'une odeur piquante, ressemblant à celle de l'essence de citron, mais plus forte et moins agréable ; sa saveur est douce et fraîche ; elle laisse dans la bouche un arrière-goût analogue à celui du camphre, avec quelque chose de son amertume. A la température de 15° + 0 sa densité est de 0,881. Elle entre en ébullition à 330 degrés F. (165,5 degrés cent.) ; mais le thermomètre monte rapidement à 370 degrés F. (188 degrés cent.), où il reste à peu près stationnaire. Lorsqu'on la laisse s'évaporer spontanément, cette essence se montre moins volatile que celle de térébenthine. L'iode forme avec elle une solution brune, qui, lorsqu'on la chauffe, répand des vapeurs colorées, où le jaune, le rouge, le violet, le vert et le bleu se montrent tour à tour.

L'essence d'*E. amygdalina* est soluble en toute proportion dans la térébenthine, les huiles grasses ou siccatives, la benzine, le naphte, l'éther, le chloroforme et l'alcool anhydre. L'esprit-de-vin la dissout également assez bien, et, par un battage énergique, l'eau peut en absorber 1,1 p. 100 de son poids, soit plus de 3 grammes par litre.

Placée dans une soucoupe, cette essence prend difficilement feu au contact d'une allumette enflammée, à moins qu'elle n'ait d'abord été chauffée. Elle brûle alors avec une flamme brillante, mais en dégageant beaucoup de fumée. Quand on la brûle dans une lampe à kérosène, elle donne une flamme presque aussi lumineuse que celle du kérosène américain, mais un peu plus jaune et plus fumeuse; on prévient cet effet en donnant un peu plus de hauteur au verre.

Comme toutes les autres essences d'*Eucalyptus*, celle de l'*E. amygdalina* est douée d'un grand pouvoir dissolvant, qui peut la rendre précieuse dans une foule de circonstances [1].

Essence d'E. oleosa. — Diffère peu de la précédente

[1] Voici l'extrait d'un tableau annexé au rapport de MM. Contes, Osborn et Ashley, et faisant connaître le degré de solubilité, à la

par ses propriétés physiques ou chimiques ; elle est très-limpide, d'une couleur jaune pâle, d'une saveur douce, comparée à celle des autres produits de sa classe, et tenant à la fois de celle du camphre et de l'essence de térébenthine. Son odeur, très-semblable à celle de la menthe, est moins agréable que celle de l'*E. amygdalina*. Elle entre en ébullition à 170 degrés ; mais la température s'élève graduellement jusqu'à 177 degrés, puis reste stationnaire.

Brûlée dans une lampe à kérosène, cette essence produit une plus belle flamme que la précédente et ne

température ordinaire, de diverses substances dans l'essence d'*E. amygdalina* :

NOMS DES SUBSTANCES.	Nombre d'onces avoir du poids (a) solubles dans une pinte (b) d'essence.	OBSERVATIONS.
Camphre........	23 3	Solution claire, transparente, presque incolore. A saturation complète vers 21 degrés centigr.
Colophane.......	20 3	Solution huileuse.
Mastic.........	17 5	Solution très-visqueuse.
Elémi..........	10 2	Solution huileuse.
Sandaraque......	7 3	Belle solution visqueuse.
Sang-dragon.....	4 3	Magnifique solution obtenue en employant un léger excès de résine.
Benjoin........	2 8	Solubilité incomplète. Liquide huileux, jaunâtre, très-limpide.
Copal..........	1 94	Solution incolore, limpide, visqueuse.
Ambre..........	1 74	Environ un quart de l'ambre reste insoluble ; il faut l'employer en excès pour obtenir une solution concentrée.
Animé..........	1 45	Cette résine n'est que partiellement soluble (76 p. 100 environ).
Caoutchouc.....	0 73	Solution complète, très-visqueuse.
Cire (des abeilles).	0 73	Légèrement trouble.
Gutta-percha....	0 0	Insoluble, même par une digestion prolongée.

(a) L'once avoir du poids vaut 28 g. 3384.
(b) La pinte égale 0 lit. 567032.

donne ni fumée ni odeur. C'est un excellent dissolvant pour les résines. Le produit est d'environ 20 onces pour 100 livres de feuilles ou de jeunes branches.

Essence d'E. sideroxylon. — 100 livres de feuilles ont fourni environ 16 onces d'essence. Son goût et son odeur la rapprochent beaucoup de la précédente ; très-limpide, d'une couleur jaune clair. Elle prend difficilement feu dans un vase découvert, mais brûle bien dans une lampe et avec une flamme très-lumineuse.

Essence d'E. goniocalyx.—Le rendement est d'environ 16 onces pour 100 livres de feuilles fraîches. Cette essence, de couleur jaune-paille, a une odeur forte, piquante, presque désagréable ; son goût, très-fort, est détestable. Elle commence à bouillir à 152 degrés centigr. et fait monter le mercure jusqu'à 174 degrés. C'est un excellent liquide d'éclairage, produisant une flamme blanche, brillante, supérieure en intensité à celle du meilleur kérosène américain. Elle ne donne ni odeur ni fumée en brûlant dans une lampe.

Essence d'E. globulus. — Très-limpide, presque incolore quand elle est préparée avec de jeunes feuilles. Chez celles-ci, les utricules renfermant l'essence sont plus grandes, mais moins nombreuses que chez les feuilles complétement développées, et leur rendement est moins considérable. Le pouvoir éclairant de cette essence mériterait d'être utilisé.

Chez nous, comme en Angleterre, l'essence d'*Eucalyptus globulus* est déjà entrée depuis quelque temps dans le domaine de la toilette, à titre de vinaigre aromatique, d'alcoolat parfumé : respirée en masse, elle est très-forte ; mais, une fois diluée, l'arome s'adoucit et persiste très-longtemps avec un caractère *sui generis*, bien que tenant à la fois du camphre, du laurier et de la menthe poivrée. M. Ramel l'a fait entrer dans des bonbons très-agréables, recommandés contre la toux et les affections chroniques des bronches.

Essence d'E. corymbosa. —C'est un liquide incolore, dont l'odeur diffère tellement de celle des essences du même groupe, qu'on a peine à croire à son origine. Elle paraît douceâtre, comparée à celle des autres, et, tout en rappelant un peu l'essence d'*E. amygdalina* combinée avec quelques traces d'essence de rose, elle n'en a ni le piquant ni la fraîcheur. Sa saveur est légèrement amère, laissant un arrière-goût de menthe et irritant la gorge. Toutefois elle est moins piquante que beaucoup d'autres.

Essence d'E. fabrorum. — Cette essence est très-fluide, transparente, d'un jaune rougeâtre, d'une odeur douce et bien moins désagréable que celle de l'*E. goniocalyx*. A — 18 degrés, elle se trouble et devient opaline, comme le fait l'essence d'*E. amygdalina*, dont elle a d'ailleurs le point d'ébullition. Brûlée dans une lampe, elle donne une belle flamme, mais moins blanche toutefois que celle des *E. goniocalyx* ou *globulus*. 100 livres de feuilles fraîches produisent environ 8 onces d'huile essentielle.

Essence d'E. fissilis. — Très-semblable à la précédente ; même rendement ; odeur peu forte et relativement agréable. Bon dissolvant pour les résines.

Essence d'E. odorata. — Rendement variable, mais toujours peu considérable ; couleur jaune pâle, légèrement verdâtre ; odeur rappelant celle du camphre.

Certains échantillons ont donné une flamme très-brillante dans une lampe à kérosène.

Essence d'E. Woollsii. — Odeur camphrée; saveur aromatique assez douce; rendement : 3 onces pour 100 livres de feuilles. Brûle avec une flamme claire et brillante, bien qu'un peu inférieure à celle du kérosène.

Essence d'E. rostrata. — Cette essence est peu abondante : 100 livres de feuilles n'en fournissent guère qu'une once; sa couleur varie du jaune pâle à une teinte ambrée rougeâtre. Odeur et saveur semblables à celles de l'essence d'*E. odorata*. Brûle très-bien.

Essence d'E. viminalis. — D'un vert jaunâtre; odeur désagréable, mais peu pénétrante. Saveur comparable à celle de l'*E. odorata*. Brûle très-bien à la lampe. Rendement du reste insignifiant : 5 1/7 drachmes (moins de 100 grammes) pour 100 litres de feuilles.

Le tableau ci-après permet de comparer entre elles les diverses essences d'*Eucalyptus* au point de vue de leurs caractères physiques.

NOM de L'ESSENCE.	Mois pendant lequel les feuilles ont été récoltées.	Rendement pour 100 livres de feuilles.	Densité à 60° F.	Point d'ébullition — le plus bas.	Point d'ébullition — le plus élevé.	Pouvoir éclairant (la flamme du kérosène = 1000).	Couleur de la flamme.	OBSERVATIONS.
		onces						
E. amygdalina.	sept.	60.50	0.881	330°	370°	0.849	jaune.	Le rendement est calculé sur un mélange de feuilles fraîches et de jeunes rameaux. La flamme a une disposition à fumer.
E. oleosa......	janvier	20.00	0.911	322	350	1.080	blanche.	
E. sideroxylon..	déc.	16.88	0.923	310	352	1.090	très-bl.	Obtenue avec des feuilles ayant subi un commencement de fermentation.
E. goniocalyx..	nov.	16.00	0.923	306	346	1.098	id.	
E. globulus....	avril	12.50	0.917	300	350	1.048	id.	
E. corymbosa..	déc.	12.50	0.881	»	»	1.004	jaune.	Flamme ayant une légère tendance à fumer.
E. fabrorum...	sept.	8.00	0.890	340	382	0.870	id.	Id.
E. fissilis....	sept.	8.00	0.903	335	386	0.908	jaunâtre.	
E. odorata....	août	4.17	0.922	315	356	1.158	très-bl.	
E. Woollsii....	janvier	3.40	0.940	380	420	0.967	blanche.	
E. rostrata....	juillet	1.04	0.918	»	»	0.985	très-bl.	
E. viminalis...	août	0.65	0.921	318	360	1.082	blanche.	Extr. de feuilles et jeunes rameaux.

On ne saurait évidemment considérer comme absolument invariables les chiffres du tableau ci-dessus, relatifs aux quantités d'essence obtenues par la distillation. Le rendement doit être forcément subordonné à l'âge de l'arbre, à son exposition, à la nature et au degré d'humidité du terrain dans lequel il a végété, à la proportion plus ou moins grande de jeunes rameaux qui ont pu être mêlés aux feuilles, etc. Ces dernières sont très-généralement distillées à l'état frais. Si on les fait sécher à l'ombre avant de les employer, elles perdent plus ou moins en poids, selon l'espèce :

L'*E. amygdalina*........	perd	50	pour cent.
L'*E. globulus*..........	—	50	—
L'*E. viminalis*..........	—	41	—
L'*E. rostrata*...........	—	58	—

Les essais photométriques de ces essences ont été faits à l'aide d'une lampe à kérosène ordinaire, à mèche plate, de 15 millimètres de largeur, et brûlant par heure 100 grammes de kérosène d'Amérique de première qualité. On n'est point encore suffisamment fixé sur la valeur de ces substances au point de vue de leur emploi dans l'éclairage. Des expériences faites sur une assez grande échelle pourraient seules renseigner à cet égard, en permettant d'établir exactement le prix de revient des diverses essences.

Pour une exploitation tant soit peu importante, l'appareil distillatoire doit consister en un vaste alambic en tôle épaisse et doublée au fond, pour mieux résister à l'action du feu. Il est inutile de donner un grand développement au serpentin, car l'essence se condense très-rapidement.

L'opération étant peu coûteuse par elle-même, le prix de revient se trouve surtout subordonné à celui des feuilles[1]. Celles-ci peuvent être récoltées facilement par des femmes ou des enfants : c'est une besogne qui se fait rapidement : cent livres de feuilles sont vite moissonnées; elles tiennent dans un sac de la dimension de ceux employés d'ordinaire pour transporter la farine.

Nous avons déjà parlé de l'emploi des essences d'*Eucalyptus* dans la fabrication des vernis. Si quelques résines se montrent réfractaires à leur action dissolvante, à la température ordinaire, toutes, ou à peu près, se laissent dissoudre lorsqu'elles ont d'abord été fondues selon la méthode ordinaire des fabricants de vernis. La gutta-percha, qui résiste à une longue digestion à froid, se dissout lorsqu'on élève la température ; mais une partie se dépose par le refroidissement du liquide.

Gommes résines. — Les *Eucalyptus* produisent des gommes-résines qui ne paraissent pas encore avoir été étudiées comme elles le méritent. Ces substances se trouvent dans l'épaisseur du tronc des arbres de tout âge, en dépôts plus ou moins abondants, logés dans des cavités allongées dans le sens du bois. La gomme, qui n'est d'abord qu'un liquide visqueux, s'épaissit peu à peu dans ces cavités, se dessèche et se prend en masses solides et friables. On pourrait sans doute l'obtenir à

1 Dans une exploitation en grand, peut-être y aurait-il lieu de tenir compte de certains autres produits de la distillation ; après l'opération, on trouve dans l'alambic une matière extractive et astringente en dissolution, probablement susceptible de recevoir diverses applications.

l'état liquide, au moyen d'incisions pratiquées aux troncs des arbres; mais cette méthode ne semble guère avoir été pratiquée jusqu'ici.

On compte autant de gommes-résines que d'espèces d'*Eucalyptus;* mais toutes se ressemblent beaucoup par leurs caractères physiques. A l'état solide, elles se présentent sous la forme de petites masses anguleuses, parfois striées et renfermant quelques parcelles de bois. Leur couleur la plus habituelle est le rouge-brun foncé, tantôt veiné de jaunâtre ou de vert olive et d'un aspect terne, tantôt d'une très-belle nuance rouge uniforme, transparente et à reflets brillants. On trouve assez souvent aussi des morceaux noirs et opaques. Une dessiccation complète, au bain-marie, leur fait perdre environ 15 à 20 pour 100 de leur poids. Les morceaux présentent alors une cassure vitreuse; ils sont excessivement friables et se laissent facilement pulvériser. D'une saveur styptique, mais sans amertume; elles colorent la salive en rouge et adhèrent sous la dent.

A l'état liquide, ces gommes-résines sont visqueuses comme de la mélasse et ne diffèrent de celles qui ont subi la dessiccation qu'en ce qu'elles contiennent une certaine quantité d'eau, susceptible d'être expulsée par la température du bain-marie.

Toutes ces substances ne sont pas également solubles dans l'eau : celle de l'*E. corymbosa* reste en partie insoluble, à moins qu'on n'ajoute à l'eau quelques gouttes d'ammoniaque.

En dissolution dans l'eau, toutes les gommes-résines d'*Eucalyptus* donnent une réaction acide avec le tournesol; mais, essayées avec d'autres réactifs, elles présentent quelques différences entre elles. Le précipité obtenu par la solution de gélatine ne paraît pas correspondre, par son abondance, avec leur saveur fortement astringente; quelquefois il ne se forme même pas de précipité du tout. Avec l'acétate de plomb, il se forme un précipité abondant et gélatineux, et, avec les sels de fer, diverses teintures vertes ou noires. Les acides minéraux déterminent un épais dépôt floconneux.

Quelques-unes de ces gommes-résines ont été plusieurs fois importées en Angleterre sous le nom de *Kino de Botany-Bay*. La plus répandue est celle de l'*E. resinifera* (*Iron-bark*), avec laquelle on les confond toutes. Ses propriétés et ses usages sont encore fort mal connus.

Manne. — Il existe deux variétés d'une substance particulière, désignée communément sous le nom de *manne d'Eucalyptus*. L'une se présente sous la forme de petites masses arrondies, irrégulières, d'une couleur blanche opaque, et ayant une saveur douce, agréable. Elle est sécrétée en abondance, durant les premiers mois de l'été, par les feuilles et les jeunes rameaux de l'*E. viminalis*, à la suite de piqûres ou de blessures faites à ces parties de l'arbre. Très-liquide d'abord et transparente, elle s'épaissit, se solidifie peu à peu et forme de grosses larmes gommeuses, présentant ordinairement à leur extrémité un renfoncement qui indique l'endroit par lequel elles adhéraient à la feuille ou au rameau. Cette substance, qui est en grande partie formée de sucre de raisin, renferme environ 6 p. 100 de *mannite*.

L'autre variété de manne est sécrétée par la larve

d'un insecte hémiptère du groupe des Psylles; elle est connue des indigènes sous le nom de *Lerp*. A certaines époques de l'année, elle est si abondante sur les feuilles de l'*E. dumosa*, que les jeunes arbustes semblent couverts de givre. Cette substance se présente sous la forme de petits cônes d'un blanc opaque ou jaunâtre, et couverts de filaments laineux. Chacun de ces petits cônes recouvre une larve, qui se développe en sûreté dans une sorte de cavité ménagée dans la matière gommeuse, et qui ne quitte cette retraite que pour passer à l'état d'insecte parfait. Le duvet laineux qui recouvre ces singulières sécrétions présente des filaments plus ou moins cannelés, frisés et granulés; ils bleuissent au contact de l'iode.

Ces deux variétés de manne ne sont d'aucune utilité en médecine, et n'offrent guère qu'un intérêt de curiosité.

En résumé : facilité de multiplication par les semis; rapidité de croissance prodigieuse, qui permet de créer, dans un petit nombre d'années, de belles plantations et d'improviser en quelque sorte des forêts; dimensions souvent gigantesques; élégance du port, qui en fait des arbres d'ornement; densité du bois poussée quelquefois jusqu'aux dernières limites, jointe à une incorruptibilité absolue, à une élasticité et une ténacité extrêmes; émanations aromatiques des feuilles exerçant une action assainissante; production de médicaments d'une grande efficacité; production considérable de cire et de miel par l'abondance des fleurs; facilité d'extraction d'huiles essentielles des feuilles; possibilité d'application de l'écorce à la fabrication du papier et au tannage des peaux : telles sont les nombreuses qualités que l'on trouve réunies chez les *Eucalyptus*, et ce ne sera certes pas un des moindres services rendus par la Société d'acclimatation que la part active qu'elle a prise à la propagation de ces précieux végétaux hors leur habitat naturel.

Il appartenait à une société savante française de vulgariser la connaissance de ces arbres, découverts par un Français (La Billardière) et réellement importés d'Australie par un autre Français, notre zélé confrère M. Ramel, qui s'est acquis les titres les plus sérieux à la reconnaissance publique par le zèle et le généreux dévouement qu'il a mis à introduire et à répandre, non-seulement chez nous, mais on peut dire dans le monde entier, ces arbres si précieux.

Déjà l'étranger a su le reconnaître, et à Vienne le jury international lui a décerné la médaille du progrès, c'est-à-dire la plus haute distinction dont il pût disposer.

En France, la Société d'acclimatation lui a conféré sa plus éminente récompense, le titre de membre honoraire. Espérons qu'une récompense officielle viendra confirmer ce témoignage. Voici, du reste, en quels termes s'exprimait M. Tisserand, inspecteur général de l'agriculture, dans une lettre adressée à M. Ramel, le 22 juillet 1874 :

— « J'ai cru de mon devoir d'appeler l'attention du jury de l'exposition universelle de Vienne sur le grand service que vous avez rendu à l'Algérie et au midi de la France en introduisant l'*Eucalyptus globulus*. Ainsi que je l'ai dit, c'est la plus belle conquête qu'ait faite l'Algérie, et le jury international vous a décerné d'acclamation une de ses plus hautes récompenses. J'espère qu'un jour la France saura à son tour vous donner un témoignage de sa reconnaissance : ne vous découragez pas et continuez à travailler avec ardeur. »

Qu'il nous soit permis, en terminant, de nous associer de tout cœur au vœu et à l'espérance exprimés à la fin de cette lettre.

TABLE DES MATIÈRES

Paris. — Imprimerie Viéville et Capiomont, rue des Poitevins, 6. — 1875.

BIBLIOTHÈQUE DE L'AGRICULTEUR PRATICIEN

Abeilles. Leur élevage par les procédés modernes, par G. DE LAYENS. In-18, fig. 2 50
Agriculture. Théorie et pratique, par MURPHY. 1 vol. in-18, fig. ... 1 50
Agronomie et Physiologie végétale. Études théoriques et pratiques, par I. PIERRE. 4 vol. in-18. T. Ier : *Sol, Engrais, Amendements.* — Tome II : *Plantes fourragères; Graines et produits dérivés.* — Tome III : *Céréales.* — Tome IV : *Plantes industrielles ; recherches diverses*... 14 »
Almanach de l'Agriculteur praticien pour 1873. 16e année. In-18, fig. » 50
Les années 1858 à 1872 chaque ... » 50
Analyse des terres; *des amendements; des engrais liquides et solides; des fourrages, etc.*, par Isidore PIERRE. 1 vol. in-18, avec fig... 2 50
Basse-Cour et Lapin domestique, par YSABEAU. 1 vol. in-18... 1 »
Bétail (*De l'alimentation du*), par Isidore PIERRE. 4e édition. 1 vol. in-18... 2 50
Bêtes ovines (*Des*) **et des Chèvres,** par YSABEAU. 1 vol. in-18, fig... » 75
Cailles, Faisans et Perdrix, par ALLARY. 1 vol. in-18, fig... 2 »
Cheval. Principes sommaires d'élevage du cheval, par BASSERIE. 2e édit. In-18. 1 »
Chevaux. Conseils aux Éleveurs, par Ch. DU HAYS. 1 vol. in-18, fig... 3 50
Chiens. Maladies et traitement, par HERTWIG. 2e édition. 1 vol. in-18... 3 50
Engrais (*Des*) en général, etc., par Michel GREFF. 2e édit. In-18... » 50
Engrais perdus dans les campagnes, par DELAGARDE. Nouvelle édition. 1 vol. in-18... 1 50
Etudes agronomiques. Grande culture ; arbres forestiers et fruitiers; bétail, etc., par BOSSON. 1 vol. in-18... 3 50
Faisans, Colins, Canards mandarins, etc., par A. LEGRAND. 1 vol. in-18... 2 »
Fourrages (*Valeur nutritive des*), par Isidore PIERRE. 4e édit. In-18... 2 50
Graminées céréales et fourragères, rendement des diverses espèces; sols qui conviennent, etc., par DEMOOR. 1 vol. in 18, orné de 150 figures... 2 50
Guano du Pérou, composition, falsifications, etc. In-18... » 30
Lapin domestique (*Éducation du*), par Alexis ESPANET. 5e éd. In-18... 1 »
Maïs et Sorgho sucré (*Alcoolisation des tiges de*). Alcool.-Cidre.-Bière.-Vins artificiels, par DURET. In-18... » 75
Marne et Chaux. Leur emploi en agriculture, par Isidore PIERRE. In-18... » 50
Matériel agricole (LE). Description et examen des instruments, des machines, des appareils et des outils au moyen desquels on peut exécuter tous les travaux agricoles, par A. JOURDIER. 3e édit. 1 vol. in-18 orné de 206 grav... 3 50
Matières fertilisantes. Choix, achat, emploi, origine, composition, valeur, effets, durée, modes d'emploi, etc., par DUDOUY. In-18 ... 2 50
Médecine vétérinaire des bêtes à cornes, par COTTIER. In-18... 1 »
Pigeons, *Oiseaux de luxe, de volière et de cage*, par A. ESPANET. 2e édit. In-18 1 »
Plantes fourragères (*Traité pratique de la culture des*), par DE THIER. 3e édit., corrigée par LEROY. In-18... 1 25
Porcheries (*De l'établissement des*), construction, etc., par GRANDVOINNET in-16, 93 gravures... 2 50
Porcs (*Du traitement des*) aux différentes époques de l'année. In-18, 64 gravures. 2 »
Poules, Dindes, Oies et Canards, par Alexis ESPANET. 2e édit. In-18, fig... 1 »
Prairies et fourrages dans les terres fortes et argileuses du Midi (*Traité pratique*), par A. DE SAINT-FÉLIX (1841). In-18... 1 »
Récoltes dérobées (*Des*), comme fourrages et engrais verts, et culture de la MOUTARDE BLANCHE, traduit de l'anglais par J. A. G. In-18, fig. ... » 75
Sang de rate des animaux d'espèces ovine et bovine, par I. PIERRE. In-18... 1 »
Semailles en ligne (*Des*) et des semoirs mécaniques, par F. GEORGES. In-18... » 50
Sorgho à sucre. Culture, etc., par MADINIER. In-8 ... » 60
Sorgho à sucre (*Guide du distillateur du*), par F. BOURDAIS. In-18... 1 »
Stabulation de l'espèce bovine, par PIERS. In-18... 1 25
Végétaux (*Nutrit. des*) dans ses rapp. avec les *Assolements*, par DE BARO. In-18, 1 »
Visite à un véritable agriculteur praticien, par DURANT-SAVOYAT. In-18... 1 25

Evreux, Ch. HÉRISSEY, imp. — 775

www.ingramcontent.com/pod-product-compliance
Ingram Content Group UK Ltd.
Pitfield, Milton Keynes, MK11 3LW, UK
UKHW020144200726
13856UKWH00003B/847

9 782011 323668